SITZUNGSBERICHTE DER DEUTSCHEN AKADEMIE
DER WISSENSCHAFTEN ZU BERLIN

*Klasse für Bergbau, Hüttenwesen und Montangeologie*
*Jahrgang 1963 Nr. 1*

*DR. RUDOLF MEINHOLD*

# ERDÖLWIRTSCHAFT UND -LAGERSTÄTTEN MIT BESONDERER BERÜCKSICHTIGUNG DER EUROPÄISCHEN ERDÖLVERSORGUNG

Mit 11 Abbildungen im Text und 10 Tabellen

AKADEMIE-VERLAG · BERLIN
1963

Vorgelegt von Hrn. Watznauer in der Klassensitzung vom 7. 6. 1962

Zum Druck genehmigt am gleichen Tage, ausgegeben am 15. 2. 1963

Erschienen im Akademie-Verlag GmbH, Berlin W 8, Leipziger Straße 3-4

Lizenznummer: 202 · 100/585/63
Kartengenehmigung: MdI der DDR Nr. 7887/62
Gesamtherstellung: IV/2/14 · VEB Werkdruck Gräfenhainichen · 1920
Bestellnummer: 2010/63/III/1 · ES 20 F 3 · Preis DM 4,80

# Erdölwirtschaft und -lagerstätten mit besonderer Berücksichtigung der europäischen Erdölversorgung[1]

## *1. Der Energiebedarf*

Schon mehrfach sind, auch von geschulten Wirtschaftlern, Kassandra-Rufe erklungen, die von einer baldigen Erschöpfung der Energievorräte wissen wollten. Außer einem oft gemachten unverzeihlichen Irrtum, nämlich dem, die aufgeschlossenen Vorräte mit den perspektivischen zu verwechseln, liegen diesen pessimistischen Ansichten auch begründete Sorgen zugrunde. Diese Sorge erwächst besonders aus dem außerordentlich schnellen Anstieg der menschlichen Bevölkerung der Erde, die etwa seit dem 17. Jahrhundert in einem immer noch zunehmendem Tempo anwächst (Abb. 1). Sie beträgt heute etwa 3 Milliarden und wird, wenn man die bisherige Kurve extrapoliert, im Jahre 2000 etwa 4,5 Milliarden betragen und in 100 Jahren etwa 9 Milliarden. Diese Form der Kurve ist nicht ungewöhnlich, auch das Wachstum anderer Populationen erfolgt nach ähnlichen Kurven. Die Naturbeobachtung zeigt aber auch, daß nach dem Wachstum, das nach einer $e$-Funktion verläuft, sich ein Gleichgewichtszustand einstellt, der von den natürlichen Bedingungen bestimmt wird. Die Wendung der Kurve nach Abb. 1 ist nach Virtanen (1961) gezeichnet, der Wendepunkt kann früher oder später liegen, die Ansichten darüber werden auseinandergehen, aber er wird sicherlich kommen.

Vorläufig sind wir aber noch auf dem steilen Ast der Kurve mit einer Verdoppelung der Bevölkerung in 40 bis 50 Jahren. Wenn die Erde heute fast 3 Milliarden Menschen besser ernährt als die 300 bis 400 Millionen im Mittelalter, dann ist das allein

[1] Vorgetragen in der Sitzung der Sektion für praktische Geologie und angewandte Geophysik vom 2. März 1962.

dem Gebrauch immer fortschrittlicherer Arten der Energie zu danken. Es ist nicht notwendig, diese Entwicklung von der menschlichen Muskelkraft über die der Haustiere bis zur Atomenergie zu verfolgen, sie ist jedem bekannt. Die Nahrungsquellen haben sich

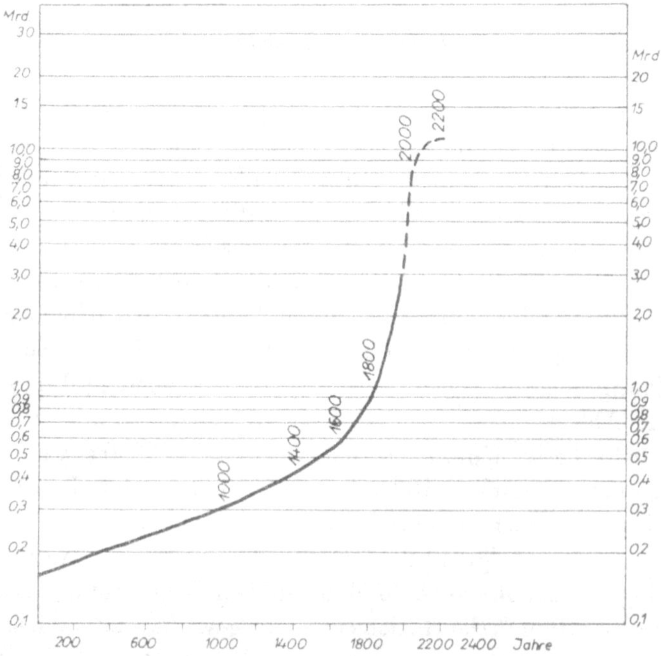


Abb. 1. Entwicklung der menschlichen Bevölkerung der Erde (nach WINKLER, Fortsetzung von 1960—2200 nach VIRTANEN)

dabei nicht sonderlich geändert, und sie werden sich auch in Zukunft nicht wesentlich ändern. Wenn mehr Menschen ernährt werden sollen, dann sind dazu notwendig bessere Düngung, bessere Bodenbearbeitung, bessere Transportmittel, die Eroberung immer mehr unwirtlicher Gebiete für die Kultur, die Erschließung der Nahrungsquellen der hohen See, der Polargebiete. All das kann nur mit mehr und mehr Energieaufwand erreicht werden, dabei wird der Energiebedarf nicht linear mit der Bevölkerung ansteigen, weil die Erschließung der neuen Nahrungsquellen einen exponentiell ansteigenden Aufwand erfordert. So kommt es, daß der Energiebedarf doppelt so schnell ansteigt, wie die menschliche Bevölkerung, d. h. er verdoppelt sich in etwa 20 Jahren. Daß die Menschheit es bis heute geschafft hat, in der Erschließung von Energie mit dem Bedarf Schritt zu halten, läßt dies auch für die Zukunft vermuten, so daß es also abwegig scheint, an eine baldige Nahrungskatastrophe zu denken, die bei Mangel an Energie eintreten müßte.

Welche Energiequellen stehen nun heute zur Verfügung? In der Hauptsache sind es biogene Stoffe, wie Kohle, Erdöl, Gas und verwandte Stoffe, Holz und als anorganische Quelle die Wasserkraft. Die anderen anorganischen Energiequellen – Atomkraft, Sonnenwärme, Gezeiten, Wind, Erdwärme u. a. – spielen vorläufig in der Bilanz nur eine geringe Rolle, sie stellen aber unerschöpfliche Quellen für die Zukunft dar.

Die biogenen Energiequellen, die man als gespeicherte Sonnenenergie betrachten könnte, können sich nun nicht (auf menschliche Zeitbegriffe bezogen) neu bilden. Sie sind also erschöpflich. Und diese mögliche Erschöpfung ist es, die immer wieder zu pessimistischen Äußerungen Anlaß gab. Viele dieser Äußerungen waren nicht qualifiziert, weil sie sich auf die nachgewiesenen Vorräte stützten und nicht bedachten, daß laufend durch Neuaufschlüsse diese Vorräte ergänzt werden. Die ernst zu nehmenden Untersuchungen dieser Art kommen aber auch dazu, daß die Erschöpfung der Lagerstätten absehbar ist, nur über den Zeitpunkt gehen die Meinungen auseinander.

In der vorliegenden Studie soll nur die Rolle von Erdöl und Erdgas in der Energieversorgung der Welt betrachtet werden, und zwar in Gegenwart und Zukunft.

Erdöl und Erdgas liefern heute etwa die Hälfte des Welt-Energiebedarfs, in einigen Ländern, wie den USA, sind es sogar fast 70%. Im Jahre 1960 wurden mehr als 1 Milliarde t Röhol und etwa 500 Milliarden m³ Erdgas gefördert, die ihrem Energiegehalt nach 0,5 Milliarden t Rohöl entsprechen. Noch nach Beendigung des ersten Weltkrieges deckte die Kohle 95 % des Energiebedarfes, das Erdöl nur 5 %. Nicht zu Unrecht wird daher unser Jahrhundert als das „Jahrhundert des Erdöls“ bezeichnet, man

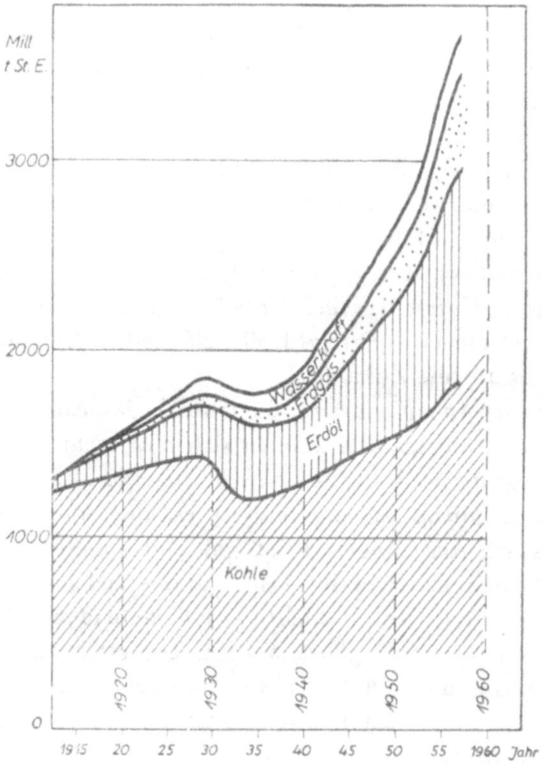


Abb. 2. Energieverbrauch der Welt (in Mill. t Steinkohleneinheiten)

müßte noch hinzufügen „und des Erdgases“; denn diese Energiequelle gewinnt in einem äußerst schnellen Tempo an Bedeutung, sogar auf Kosten des Erdöls. Die zunehmende Bedeutung der Kohlenwasserstoffe zeigt die Abb. 2.

## *2. Die Deckung des Energiebedarfes*

Sind die Vorräte nun in der Lage, diesem außerordentlichen Bedarf nachzukommen? Noch muß man diese Frage bejahen. Betrachten wir das Verhältnis der Vorräte zur Förderung (Abb. 3), dann ist zu ersehen, daß bis 1958 trotz der steil ansteigenden Fördermenge die sicheren, aufgeschlossenen Vorräte schneller angestiegen sind als die Förderung. Waren am Ende des zweiten Weltkrieges etwa 20 Jahresförderungen an aufgeschlossenen Vorräten vorhanden, so sind es heute etwa 40. Aus der Abbildung könnte man entnehmen, daß der Kulminationspunkt erreicht ist und damit der Beginn der Erschöpfung eingeleitet ist. Aber dieser Schluß wäre voreilig. Das Umkippen der Kurve hat wirtschaftliche Gründe. In großen Erdölländern, wie den USA und Venezuela, wurde aus finanziellen Gründen wegen Überproduktion und (bei Venezuela) auch aus steuerpolitischen Gründen die Förderung gedrosselt und die Erkundung sehr stark eingeschränkt. In vielen Gebieten der USA reichen die Förderquoten nur für eine Förderung von 8 bis 9 Tagen im Monat. Das wirkt sich stark auf die Erkundungstätigkeit aus. So stehen in Venezuela den 1958 fertiggestellten 1360 Bohrungen nur 600 im Jahre 1959 gegenüber. In der Sahara, wo nur ein kleiner Teil der Vorräte bilanziert ist, wartet man auf die Fertigstellung der Transporteinrichtungen, ehe man die Felder weiter entwickelt. Ähnliches gilt für China, wo zwar aussichtsreiche Funde vorhanden sind, das Potential aber

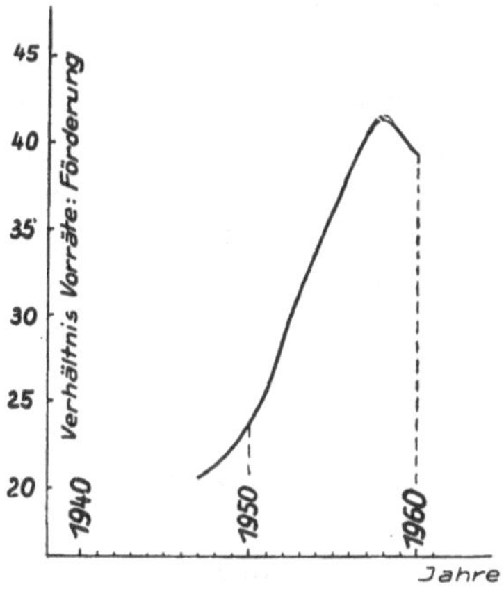

Abb. 3. Verhältnis Vorräte: Förderung (Erdöl)

noch nicht bekannt ist. Man ist daher stark zu der Annahme berechtigt, daß sich schon nach sehr kurzer Zeit, vielleicht schon 1962, die Kurve wieder nach oben wendet.

Um nun überhaupt eine Voraussage über die Entwicklung in der Zukunft zu machen, müßte man die prognostischen Vorräte kennen. Deren Ermittlung ist jedoch außerordentlich schwierig und von zu vielen unbekannten Faktoren abhängig. Nur auf statistischem Wege kann man einer Lösung dieser Frage näherkommen. Grundlage dieser Rechnungen ist die organische Theorie von der Entstehung des Erdöls, welche die weitaus meisten Argumente für sich hat. Erdöl entsteht danach unter geeigneten Bedingungen in Sedimenten unter Wasser, Erdöl ist sonach an die Sedimentationsbecken gebunden. Wenn man nun annimmt, daß die günstigen Entstehungsbedingungen in Raum und Zeit statistisch verteilt sind, dann könnte man eine Beziehung zwischen Sedimentmenge und Erdölvorrat bekommen. Wenn es auch in der Geologie nicht ungefährlich ist, wegen der Gerichtetheit vieler Vorgänge eine statistische Verteilung anzunehmen, so mag dieses Verfahren doch für unsere Abschätzung ausreichend sein. Die Schwierigkeit liegt jedoch darin, eine solche Maßzahl zu finden. Um sie zu bekommen, müßte eine große Zahl von Becken vollständig abgebohrt und ihr Erdölinhalt bekannt sein. Das kann noch kaum von einem Sedimentationsbecken behauptet werden. Die wenigen, die intensiver erkundet sind, ergeben auch noch keine Anzahl, welche im Sinne der Statistik auch im entferntesten ausreichend wäre. In Tabelle 1 sind eine Anzahl solcher Becken angegeben, ihr Sedimentinhalt, ihre Erdölvorräte und daraus die gewinnbare Erdölmenge pro Kubikkilometer Sediment. Die errechneten Werte streuen sehr stark. Dies beruht sowohl auf geologischen Bedingungen als auch auf dem verschiedenen Erkundungsstand. Besonders fallen die Becken von Los Angeles und das Maracaibo-Becken mit ihrem außerordentlich hohen Ölreichtum heraus. Da die Zahl der errechneten Werte für eine statistische Bearbeitung klein ist, ist es ratsam, Extremwerte auszuschalten, um das Ergebnis nicht zu sehr zu verfälschen. Läßt

*Tabelle 1*

*Statistik über die Erdölvorräte einer Reihe von Sedimentationsbecken*

| Name des Beckens | Sediment-inhalt [km³] | Gewinnb. Ölvorrat [Mrd. t] | Ölvorrat [t pro km³ Sediment] | Errechnet nach Autor | Bemerkung |
|---|---|---|---|---|---|
| Los Angeles (USA) | 9500 | 0,77 | 81000 | Barbat | |
| Cuyama Valley (USA) | 14600 | 0,11 | 7500 | Schwade u. a. | |
| San Joaquin Valley | 180000 | 0,93 | 5200 | Simonson | |
| Alberta-Becken (Kanada) | 2020000 | 0,57 | 2800 | Layer u. a. | ohne Totöl |
| Williston-Becken (Kanada) | 720000 | 0,04 | 600 | Darling u. Wood | geschätzt |
| Williston-Becken (USA) | 4100000 | 0,14 | 30 | Smith u. a. | |
| Powder River-Becken (USA) | 180000 | 0,43 | 2400 | Curtis u. a. | |
| Wind River-Becken (USA) | 79000 | 0,02 | 1200 | Thompson | |
| Denver-Becken (USA) | 158000 | 0,03 | 200 | McGinnis | |
| Uinta-Becken (USA) | 208000 | 0,58 | 2800 | Wells | ohne Totöl |
| San Juan-Becken (USA) | 150000 | 0,03 | 200 | Wengerd | geschätzt |
| Perm-Becken (USA) | 792000 | 2,00 | 2500 | Galley | |
| Illinois-Becken (USA) | 374000 | 0,58 | 1600 | Swann u. Bell | |
| Michigan-Becken (USA) | 450000 | 0,06 | 100 | Cohee u. Landes | |
| Appalachen-Becken (USA) | 2080000 | 0,43 | 2100 | Woodward | |
| East Gulf Coast-Becken (USA) | 1460000 | wenig | | Braunstein | |
| Trinidad (Westindien) | 17300 | 0,11 | 6400 | Barr u. a. | |
| Ost-Venezuela | 310000 | 0,52 | 16700 | Renz u. a. | ohne Totöl |
| Maracaibo-Becken | 240000 | 2,10 | 87500 | Miller u. a. | |
| Wiener Becken | 11350 | 0,07 | 6200 | Janoschek | |
| Kentucky-Indiana (USA) | | | 240 | Weeks | |
| USA-Schelf | 700000 | 0,6 | 850 | Weeks | |
| Nordwestdeutsches Becken | 225000 | 0,15 | 670 | | |

man die beiden extremen Werte von Maracaibo und Los Angeles weg, dann erhält man als gewogenes Mittel einen Ölvorrat von 1500 t pro Kubikkilometer Gestein. WEEKS (1950) erhielt für Nordamerika allein den Wert von 1600 t/km³.

Bei der Berechnung des Wertes für das Nordwestdeutsche Becken ist nur das Mesozoikum berücksichtigt und vorausgesetzt worden, daß große Entdeckungen nicht mehr zu erwarten sind. Die endgültige Ausbeute mit konventionellen Förderverfahren ist deshalb auf 150 Mill. t geschätzt worden.

Berechnungen der prognostischen Vorräte sind von WEEKS (1959) mehrfach vorgenommen worden. Er hat die Menge der nicht metamorphen Sedimente in allen Becken zu 200 Mill. $km^3$ veranschlagt. Damit erhält man für die prognostischen Vorräte etwa 300 Mrd. t mit konventionellen Methoden gewinnbares Rohöl. 20 Mrd. t sind davon bereits gefördert, bleibt ein Rest von 280 Mrd. t. Der Begriff „gewinnbar" ist jedoch wandelbar. Bis jetzt kann man im Durchschnitt für die ganze Erde einen Ausbeutefaktor von 50% des ursprünglich vorhandenen Vorrates annehmen. Mit der Verbesserung der Technik sollte es möglich sein, diesen Faktor auf 75% zu erhöhen. Dann ständen der Energiewirtschaft noch 430 Mrd. t Rohöl insgesamt zur Verfügung. Dieser Wert ist eher eine untere als eine obere Grenze, denn es ist nicht ausgeschlossen, daß sich mit der Verbesserung der Erkundungsarbeiten zeigen wird, daß der angenommene Wert von 1500 t/$km^3$ zu klein ist und der Sedimentgehalt aller Becken größer als 200 Mill. $km^3$ ist. In seiner letzten Berechnung kommt WEEKS[1] zu 500 Mrd. t Gesamtvorräten, das ist also ein ähnlicher Wert.

Die prognostischen Vorräte an Erdgas werden von WEEKS zu $170 \cdot 10^{12}$ $m^3$ angenommen. Auch dieser Wert erscheint eher zu niedrig als zu hoch (Tabelle 2).

*Tabelle 2*

*Prognostische Energievorräte der Erde (biogene Brennstoffe)*

| | | In Mrd. t St. E. |
|---|---|---|
| Erdöl | 430 Mrd. t | 560 |
| (n. Weeks | 500 Mrd. t) | (650) |
| Erdgas | $170 \cdot 10^{12}$ $m^3$ | 221 n. Weeks |
| Totöl | 140 Mrd. t | 182 „ |
| Schieferöl | 1700 Mrd. t | 2210 „ |
| Kohle | 7000 Mrd. t | 7000 „ |
| Gesamtvorräte | | $10 \cdot 10^{12}$ t St. E. |

[1] Nach genauer Analyse der einzelnen Becken, also nicht rein statistisch.

Zu diesen Reserven treten große Mengen von Totöl. Es sind dies Lagerstätten, von schwerem viskosem Öl, das durch die normalen Fördermethoden nicht gewinnbar ist. Sie befinden sich in Sandsteinen und Kalken, haben keinen Gasgehalt und sind gegenwärtig nur durch Abbau des Gesteins und Extraktion gewinnbar. Diese Lagerstätten sind fast unverritzt und stellen eine Reserve für die Zukunft dar, die auf 140 Mrd. t Ölinhalt zu veranschlagen sind. Weitere riesige Vorräte an Kohlenwasserstoffen enthalten die Ölschiefer, das sind tonige oder mergelige Gesteine mit adsorbtiv gebundenem Gesteinsbitumen. Diese Lagerstätten sind fast noch ungenutzt, sie sind nur zu einem kleinen Teil erkundet. Ihre endgültigen Vorräte abzuschätzen, ist deshalb außerordentlich schwer, auf jeden Fall betragen sie ein Mehrfaches der Mengen, die in anderen Kohlenwasserstoff-Lagerstätten vorkommen. WEEKS schätzt ihren Ölinhalt auf 1700 Mrd. t.

Die Kohlenwasserstoffe sind danach durchaus in der Lage, auch bei gesteigertem Energiebedarf ihre Rolle in der Energiewirtschaft aufrechtzuerhalten. Trotzdem wird man damit rechnen müssen, daß trotz der mengenmäßigen Zunahme des Gebrauchs von Kohlenwasserstoffen ihr prozentualer Anteil an der Gesamtversorgung zurückgeht. Das wird besonders dadurch hervorgerufen werden, daß die Erkundungs- und Förderkosten besonders für Erdöl stark ansteigen werden, so daß billigere, anorganische Energie für viele geeignete Zwecke eingesetzt wird. Eine Vorausschau für die Entwicklung des Bedarfs an den einzelnen Energieträgern gibt die Abb. 4. Die Rolle, die Erdöl und Gas dabei spielen, ist in Abb. 5 noch einmal im logarithmischen Maßstab dargestellt. Danach wird das Maximum des Bedarfs an Erdöl und Gas etwa mit 12 Mrd. t Steinkohleneinheiten im Jahre 2000 liegen, von wo ab der Bedarf an flüssigen Treibstoffen mehr und mehr aus Schieferöl und Kohleprodukten gedeckt werden wird. Unabhängig davon wird aber der Bedarf für die petrolchemische Industrie ansteigen. Insgesamt ergibt sich aber, daß die Vorräte an biogenen Brennstoffen so groß sind, daß sie in absehbarer Zeit auch von der rasch anwachsenden Zahl der Menschen nicht verbraucht werden können.

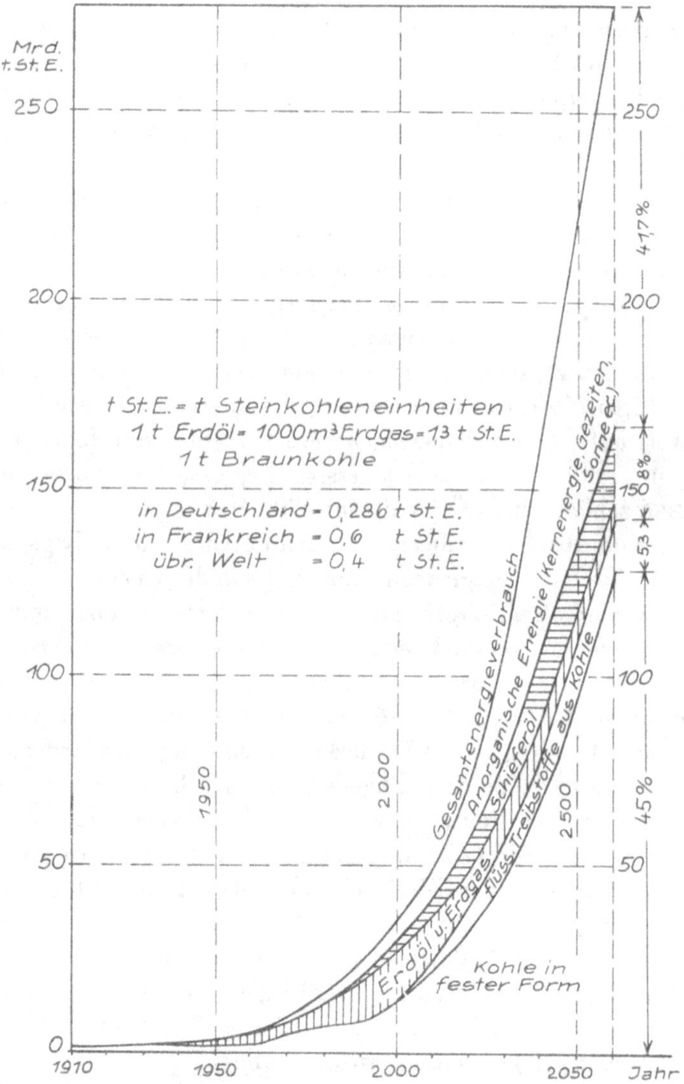


Abb. 4. Vorausschätzung des Weltenergieverbrauches bis 2060 (umgerechnet nach WEEKS). t St. E. = t Steinkohleneinheiten. 1 t Erdöl = 1000 m³ Erdgas = 1,3 t St E. 1 t Braunkohle in Deutschland = 0,286 t St. E.; in Frankreich = 0,6 t St. E.; übrige Welt = 0,4 t St. E.

Bei der Abschätzung der prognostischen Vorräte haben wir eine statistische Verteilung angenommen. Dazu steht nicht in Widerspruch, daß die Vorräte tatsächlich ziemlich ungleichmäßig über

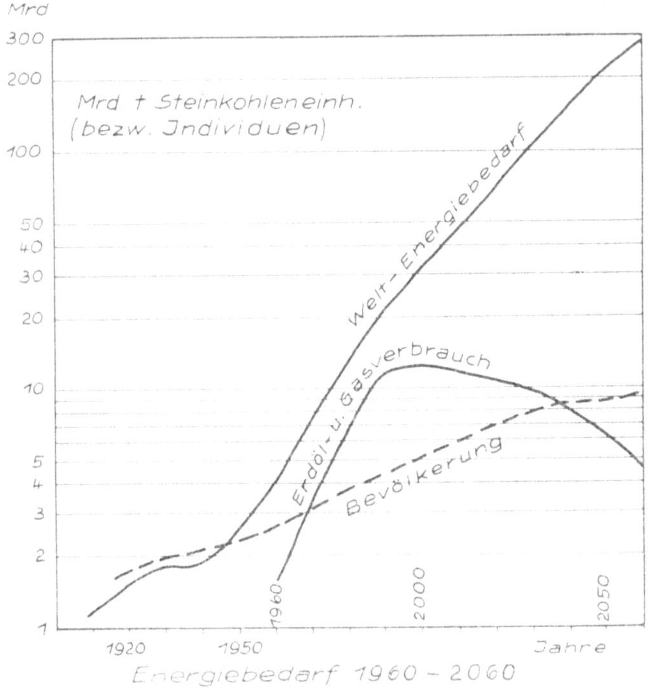


Abb. 5. Voraussichtlicher Energiebedarf, Erdöl- und Erdgasverbrauch und Bevölkerungsentwicklung in den nächsten 100 Jahren

die Erde verteilt sind. Mit der Abschätzung wollten wir ja nur feststellen, wieviel Vorräte eventuell noch zu entdecken sind, ohne Angaben über den Ort zu machen. Die Verteilung der gegenwärtig bekannten Vorräte zeigt die Abb. 6. Sie läßt erkennen, daß fast zwei Drittel in den Ländern um den Persischen Golf liegen, der größte Teil des Restes verteilt sich auf die USA, UdSSR und

Venezuela. Anders verhält es sich mit der Förderung (Abb. 7). Hier stehen die USA noch weitaus an der Spitze mit etwa 33%, der Mittlere Osten fördert 25%, UdSSR und Venezuela je etwa 14%, die restlichen 14% verteilen sich auf alle anderen Fördergebiete. Das heißt aber, daß in USA und in Europa außerhalb der Sowjetunion die Lagerstätten viel stärker beansprucht werden

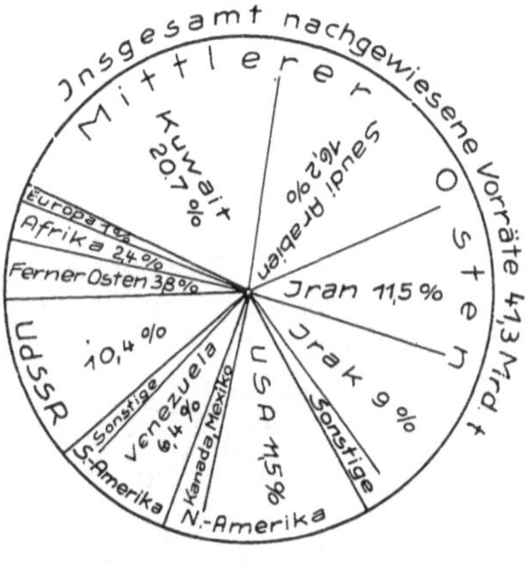


Abb. 6. Die Erdölvorräte der Erde 1960

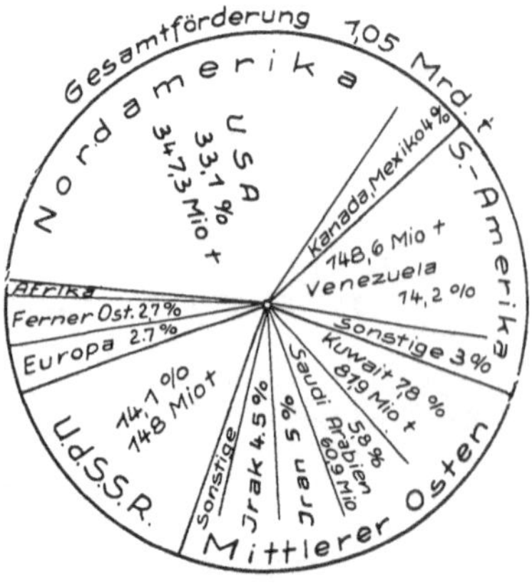


Abb. 7. Die Erdölförderung der Erde 1960

als z. B. in den Ländern des Mittleren Ostens. Während also für die ganze Erde betrachtet die Vorräte in absehbarer Zeit nicht verbraucht werden, besteht in den hochindustrialisierten Ländern der USA und Westeuropas die Möglichkeit für eine schnellere Erschöpfung. Das ist nicht zuletzt auch ein Grund für diese Staaten, sich Erdölquellen in den wenig besiedelten Gegenden, wie im Mittleren Osten, in Venezuela oder Afrika zu sichern. So rechnet man in den USA, daß man das Maximum der Förderung von Erdöl und Gas im Werte von 1 Mrd. t Öl pro Jahr etwa im Jahre 2000 erreichen wird, danach nimmt man raschen Abfall an. Dieser Abfall muß in USA nach den Vorstellungen von WEEKS und anderen Experten aufgefangen werden durch eine rasch steigende Produktion an Schieferöl und durch Importe. Der

Importbedarf wird bis zum Jahre 2020 anwachsen und maximal 1,7 Mrd. t pro Jahr betragen, dann aber mit der Entwicklung der Schieferölindustrie wieder zurückgehen. Das Interesse der Welt wird sich also immer mehr den unwirtlichen, wenig besiedelten Gebieten zuwenden, und es ist nur zu hoffen, daß es auf friedliche Weise geschehe.

## *3. Die gegenwärtigen Lagerstätten und ihre Bedeutung für die Energieversorgung*

### *3.1. Europa*

Westdeutschland ist der größte Produzent in Westeuropa mit einer Jahresförderung von 6,2 Mill. t im Jahre 1961. Die Hauptmenge kommt aus dem Nordwestdeutschen Sedimentationsbecken, das Oberrheintal und Alpenvorland spielen vorläufig noch eine geringe Rolle (Tabelle 3). Etwa 100 kleinere und mittlere Felder tragen zur Gesamtmenge bei, die 10 größten Felder liefern etwa die Hälfte der Gesamtförderung. Abgesehen von den relativ kleinen Mengen aus dem Tertiär des Rheintalgrabens und des Molassebeckens in Bayern, kommt die Förderung aus dem Mesozoikum, besonders aus zwei Schichtgliedern dieser Folge, nämlich dem unteren Dogger und dem Valendis der unteren Kreide. Die größten Lagerstätten liegen auf Antiklinalstrukturen und in Fallen unter Transgressionen, die zahlreichen Vorkommen an Salzstöcken spielen demgegenüber eine wirtschaftlich geringe Rolle. Die aufgeschlossenen sicheren Vorräte betrugen 1960 fast 70 Mill. t, entsprechen also etwa 11 Jahresförderungen. Bei einem Inlandsverbrauch von etwa 32 Mill. t im Jahre 1960 deckte die eigene Förderung 16,5% des Bedarfs. Es ist also ein starker Importbedarf vorhanden. Es kann nicht angenommen werden, daß sich dieser Anteil wesentlich erhöht. Das Mesozoikum des Niedersächsischen Beckens ist weitgehend abgebohrt, so daß Überraschungen nicht zu erwarten sind. Bei der kleinräumigen, komplizierten Salz-

*Tabelle 3*

*Die Förderung Westdeutschlands 1961*

| Revier | Förderung [Mill. t] | Vorrat [Mill. t] | Felder | Förderung [1000 t] |
|---|---|---|---|---|
| | | *1. Erdöl* | | |
| Schleswig-Holstein | 0,59 | 7,2 | Boostedt-Plön Ost | 310 |
| zwischen Elbe und Weser | 2,12 | 20,7 | Nienhagen-Hänigs. | 265 |
| | | | Hohne | 227 |
| | | | Hankensbüttel | 415 |
| zwischen Weser und Ems | 1,58 | 19,3 | Düste | 291 |
| | | | Voigtei | 184 |
| | | | Barenburg | 154 |
| Emsland | 1,54 | 19,2 | Rühle | 630 |
| | | | Georgsdorf | 400 |
| | | | Scheerhorn | 207 |
| Oberrheintal | 0,22 | 1,7 | Landau | 126 |
| Alpenvorland | 0,15 | 0,9 | Mönchsrot | 54 |
| Gesamt | 6,20 | 69,0 | | |
| | | *2. Erdgas* | | |
| | [Mill. m³] | [Mrd. m³] | | [Mill. m³] |
| zwischen Elbe und Weser | 19 | 20 | Thönse | 17 |
| zwischen Weser und Ems | 144 | | Rehden | 141 |
| Emsland | 131 | | Bentheim | 35 |
| | | | Frenswegen | 22 |
| Oberrheintal | 73 | 5 | Stockstadt | 30 |
| Alpenvorland | 116 | | Weitermühle | 41 |
| | | | Wolferberg | 25 |
| Gesamtförderung | 483 | 25 | | |

Die sicheren Vorräte beziehen sich auf den 1. 1. 1961

tektonik ist nicht anzunehmen, daß bisher ein größeres Feld der Erkundung entgangen ist. Im Rheintalgraben sind zwar noch Funde möglich, aber auch die werden nur klein sein. Große Unbekannte birgt noch der Zechstein und der Untergrund des bayrischen Molasse-Beckens. Durch Funde in Österreich in Schichten unter dem Flysch und im Untergrund des Molasse-Beckens selbst in der Nähe des Bodensees sind die potentiellen Möglichkeiten des Mesozoikums in diesen Gebieten nachgewiesen, wie groß sie sind, läßt sich allerdings noch nicht voraussagen. Der Zechstein liegt in vielen Gebieten Norddeutschlands so tief, daß er als praktisch unverritzt gelten kann, ist aber zwischen England und Polen gasführend und im geringeren Maße auch ölführend angetroffen worden, so daß hier noch Reserven für die Zukunft vorhanden sein mögen, welche die der mesozoischen Energiequellen noch übertreffen. Bei dem rasch steigenden Bedarf wird es aber bestenfalls möglich sein, den bisherigen Prozentsatz durch Eigenförderung zu decken.

Bei Erdgas liegen die Verhältnisse etwas anders, mit einer halben Milliarde Kubikmeter Jahresförderung steht Westdeutschland gegen andere Länder Europas zurück. Das liegt nicht an der Armut an Lagerstätten, sondern an Absatzschwierigkeiten in den auf Kohlen- und Kokereigas eingestellten Absatzgebieten. Eine Reihe von großen Feldern fördert entweder noch gar nicht oder ist gedrosselt. Die Hauptmenge des Erdgases kommt aus dem Zechstein. Die gegenwärtigen sicheren Vorräte werden mit 25 Mrd. $m^3$ angegeben, die möglichen, prognostischen Vorräte lassen sich noch nicht abschätzen, sie sind sicherlich wesentlich höher.

In der DDR sind nennenswerte Erdölvorräte nicht vorhanden. Die kleine Lagerstätte Fallstein fördert aus dem Zechstein. Durch neue Erdgas- und Erdölfunde in Thüringen, bei Reinckenhagen (Bez. Stralsund) und auf der Struktur Staakow bei Berlin (alle im Zechstein) hat für die Erdgasförderung eine hoffnungsvolle Zukunft begonnen. Nach den bisherigen Verlautbarungen werden die Vorräte auf 2,5 Mrd. $m^3$ geschätzt. Die prognostischen Vorräte dürften jedoch wesentlich größer sein. Die auf Erdgas höffigen Gebiete nehmen etwa 40000 $km^2$ ein, von denen allerdings ein Teil in Tiefen von über 5000 m liegt. Vielfach wird es sich dabei um Kondensate und Naßgas handeln mit mehr oder weniger hohen Gasolingehalten, auch Erdölfunde im Zechstein sind gebietsweise zu erwarten, wie es die bisherigen Funde bestätigen. Trotz der bisherigen Mißerfolge bei der Erkundung von Erdöl im Mesozoikum bleiben grundsätzlich die Höffigkeitsbereiche bestehen, wie sie

Verf. in seiner Studie aus dem Jahre 1957 vorgelegt hat. Die bisherigen Untersuchungen lassen aber erkennen, daß die möglichen Lagerstätten im Mesozoikum klein sein werden. Die Gründe sind die relativ komplizierte Tektonik und die insgesamt geringere Ausdehnung und Tiefe der Sedimentationsbecken im Vergleich zu denen Nordwestdeutschlands. Die bisherigen Erkundungsarbeiten auf Mesozoikum reichen aber noch längst nicht aus, um den Stab über der Erkundung des Mesozoikums zu brechen. Sie sollte auf jeden Fall weitergeführt werden. Aber auch im günstigsten Falle besteht für Rohöl keine Aussicht, den Bedarf durch Eigenförderung zu decken. Die DDR wird auch in Zukunft ein Importgebiet für Rohöl und Erdölprodukte bleiben. Ob eine Eigenversorgung mit Erdgas möglich ist, läßt sich noch nicht voraussagen.

Das Nordwestdeutsche Sedimentationsbecken setzt sich auch nach den Niederlanden fort (Abb. 8). Einige Erdölfelder finden sich im Anschluß an die deutschen Felder des Emslandes, einige kleinere in der Provinz Nordholland, die insgesamt etwa 10% des Eigenbedarfs liefern. Erdgas wird aus dem Zechstein gewonnen, eine sehr bedeutende Lagerstätte wurde kürzlich bei Delfzijl (nahe der Emsmündung) entdeckt, deren Vorräte mit 160 Mrd. $m^3$ angegeben werden und die den Niederlanden die Eigenversorgung mit Gas ermöglichen wird. Die Bedeutung der Entdeckung liegt ferner darin, daß die Förderung aus dem Präzechstein kommt, vermutlich aus dem Karbon. Das eröffnet für manche europäischen Gebiete ganz neue Perspektiven.

In Frankreich haben die alten Lagerstätten von Pechelbronn im Elsaß längst ihre wirtschaftliche Bedeutung eingebüßt, trotz neuer Funde. Die neuen Lagerstätten im Dogger des Pariser Beckens sind zwar klein, haben aber trotz jahrzehntelanger skeptischer Beurteilung die Möglichkeiten dieses großen Sedimentationsbeckens gezeigt. Zwei wirklich große Lagerstätten liegen im Süden des Landes. Es handelt sich um die Erdöllagerstätte Parentis (18,8 Mill. t Vorräte, 1,23 Mill. t/a Förderung), die drei Viertel der gesamten Förderung Frankreichs liefert. Ihre Speichergesteine liegen im Oberjura bis Apt. Im Aquitanischen Becken

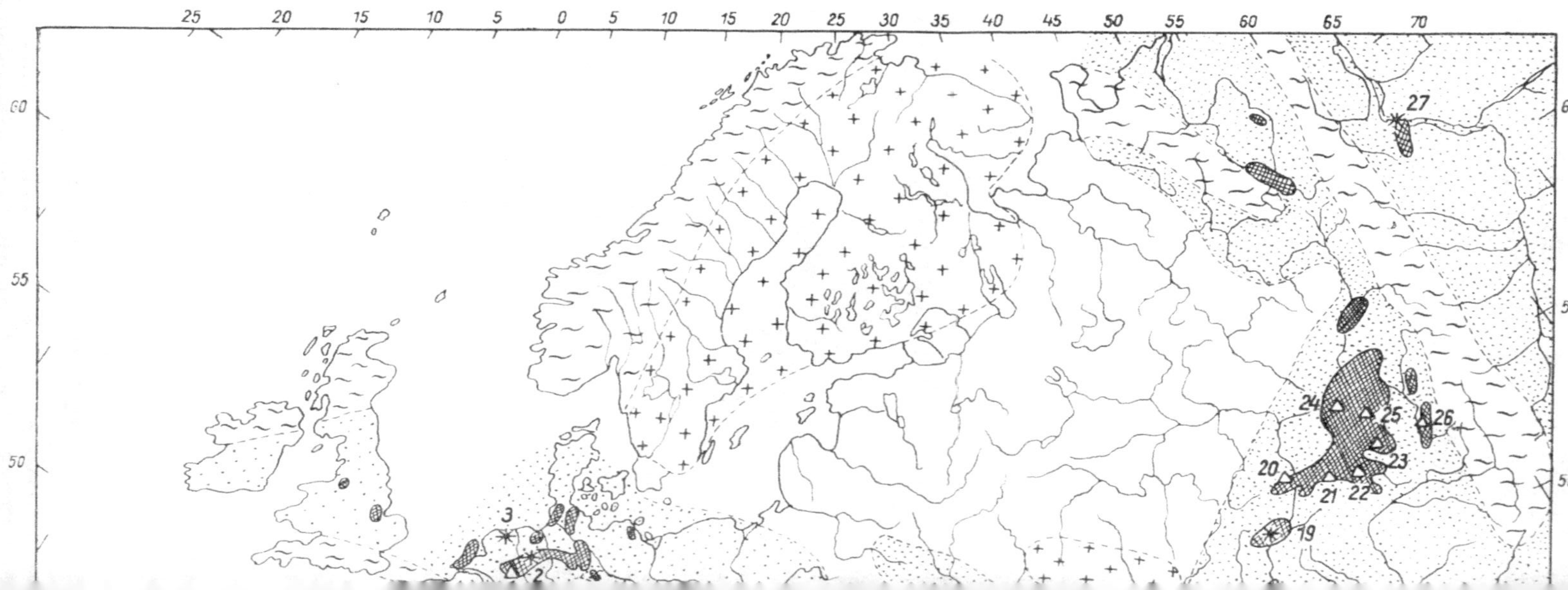

25
20
15
10
5
0
5
10
15
20
25
30
35
40
45
50
55
60
65
70
60
55
50
60
55
50
27
24
25
26
23
20
21
22
19
3
2

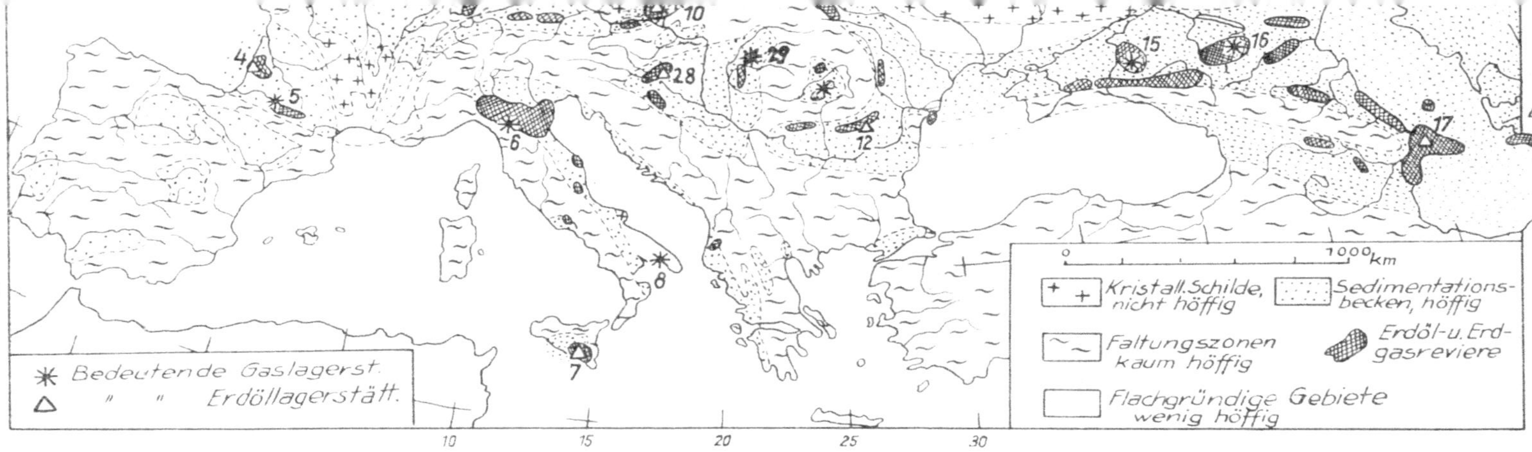


Abb. 8. Erdöllagerstätten und Höffigkeitsgebiete Europas. Deutschland: **1** Rühle, **2** Rehden. Niederlande: **3** Delfzijl. Frankreich: **4** Parentis, **5** Lacq. Italien: **6** Cortemaggiore, **7** Ragusa, **8** Ferrandina. Österreich: **9** Matzen, **10** Zwerndorf. Rumänien: **12** Moreni. UdSSR: **11** Daschawa, **13** Sagaindarsk, **14** Schebelinka, **15** Kanewska, **16** Stawropol, **17** Lok Batan (Baku), **18** Werchowo, **19** Saratow, **20** Sysran, **21** Muchanowo, **22** Buguruslan, **23** Schkapowo, **24** Romaschkino, **25** Tuimasy, **26** Ischimbai, **27** Berjosowo. Ungarn: **28** Nagylenyel, **29** Hajduszoboszlo

liegt auch die große Erdgaslagerstätte Lacq. Sie fördert aus dem Malm und Neokom ein schwefelreiches Gas, dessen Reinigung beträchtliche Schwefelmengen liefert. Die Vorräte betragen 150 Mrd. $m^3$. Weitere große Felder könnten im nördlichen Vorland der Pyrenäen noch entdeckt werden, so daß auch für Frankreich eine Eigenversorgung mit Erdgas für Jahrzehnte durchaus möglich ist.

Auch Italien besitzt eine auch im Weltmaßstab große Lagerstätte bei Ragusa in Sizilien, die drei Viertel der gesamten Erdölförderung Italiens aus einem mächtigen Triasdolomit liefert und 20 Mill. t Vorräte enthält. Die Lagerstätte liegt in einer flachen Aufwölbung einer Schwellenregion am Rande des sizilianischen Beckens. Mit einer Förderung von 6,5 Mrd. $m^3$ Erdgas steht Italien außerdem an der Spitze aller Länder Westeuropas. Die Gaslagerstätten liegen am Südrand der Poebene, einem Sedimentationsbecken, das wegen seiner Ausdehnung und Tiefe sicher noch unentdeckte Vorräte birgt. Das Gas wird aus miozänen Speichern in flachen Aufwölbungen gewonnen, im östlichen Teil der Poebene existieren sogar Lagerstätten im Quartiär, sonst ein ziemlich seltener Fall.

Österreich bezieht den Löwenanteil seiner $2^1/_2$ Mill. t Erdöl im Jahr aus dem Torton der Lagerstätte Matzen. Sie liegt auf einer flachen Kuppel im Wiener Becken und enthält auch den größten Teil der österreichischen Vorräte, nämlich 35 Mill. t Erdöl. Die Hauptmenge des Erdgases liefert die ebenfalls tortonische Lagerstätte Zwerndorf, die auch noch auf das Gebiet der ČSSR reicht und 28 Mrd. $m^3$ Ausbeute erwarten läßt, davon 8 Mrd. $m^3$ auf dem Gebiet der ČSSR. Weitgehend unbekannt sind noch die Möglichkeiten, im mesozoischen Flysch-Untergrund des Wiener Beckens sowie des Molasse-Beckens am Alpenrand Lagerstätten zu erschließen. Das Wiener Becken ist bemerkenswert, weil auf relativ kleinem Raum relativ große Erdölmengen angesammelt sind. Diese Eigenschaft teilt es mit anderen sogenannten intramontanen Becken in geosynklinalen Bereichen.

Die weiteren unmittelbaren Nachbarn Deutschlands, die ČSSR und Polen, haben neben Zwerndorf keine Lagerstätten von größerer

Bedeutung. Beides sind zwar alte Erdölländer, Polen gehörte sogar einstmals zu den bedeutendsten Exporteuren, neue Funde von größerer Bedeutung sind aber seit langer Zeit nicht gemacht worden. In der ČSSR stehen nur einige kleine Sedimentationsbecken zur Verfügung, in denen große Lagerstätten kaum vorhanden sein werden. Anders Polen, es hat teil an einem großen Sedimentbecken, das von Dänemark bis zum Heiligkreuz-Gebirge

*Tabelle 4*

*Erdölbilanz der O. E. C. D.-Länder, 1960*

| Staat | Eigenfördg. [Mill. t] | Rohölimport [Mill. t] | Raffinerie-Verarbeitung [Mill. t] | Verbrauch [Mill. t] |
|---|---|---|---|---|
| Großbritannien | 0,1 | 43,9 | 45,4 | 40,0 |
| Frankreich | 2,0 | 31,9 | 32,9 | 24,0 |
| Italien | 2,0 | 29,5 | 30,8 | |
| Westdeutschland | 5,5 | 23,3 | 29,0 | 32,0 |
| Niederlande | 1,9 | 17,3 | 19,0 | |
| Belgien | — | 6,8 | 6,9 | |
| Schweden | 0,1 | 2,6 | 2,6 | |
| Österreich | 2,4 | 0,5 | 1,9 | 2,8 |
| Griechenland | — | 1,7 | 1,7 | |
| Irland | — | 1,4 | 1,4 | |
| Portugal | — | 1,3 | 1,3 | |
| Norwegen | — | 0,2 | 0,2 | |
| Dänemark | — | 0,0 | 0,0 | |
| Gesamt | 14,2 | 160,4 | 173,2 | |

reicht, an seinem Rand sind eine Reihe von wertvollen Gaslagerstätten entdeckt worden, und nach Zeitungsmeldungen ist nunmehr auch der erste Ölfund in der Odergegend im Zechstein gemacht worden. In diesem Gebiet sind also durchaus noch Überraschungen möglich.

Ungarn bezieht 95% seiner Produktion aus Transdanubien südlich des Plattensees und hier wieder die Hauptmenge aus der Lagerstätte Nagylengyel (ca. 1 Mill. t/Jahr). Hier bietet das große Pannonische Becken noch die Möglichkeit, Öl- und Gaslagerstätten aufzufinden, so daß dieses Land eventuell die Möglichkeit hat, sich mit Öl und Gas selbst zu versorgen. Ein kleiner Teil dieses Beckens erstreckt sich auch nach Jugoslawien, wo eine Reihe kleinerer Felder vorhanden sind.

Fast alle europäischen Länder sind also Einfuhrgebiete für Erdöl (Tabelle 4 und 5). Die einzigen Überschußgebiete sind Rumänien und die UdSSR. Obgleich nun in Rumänien in den Randbecken

*Tabelle 5*

*Erdölbilanz der sozialistischen Staaten, 1958*
(nach Fritz)

| Staat | Eigenförderung [Mill. t] | Raffin.-Erzeug. [Mill. t] | Treibstoffverbr. [Mill. t] |
|---|---|---|---|
| Albanien | 0,40 | 0,24 | 0,24 |
| Bulgarien | 0,22 | 0,07 | 0,63 |
| DDR | — | 1,03 | 0,52 |
| Polen | 0,19 | 0,62 | 1,74 |
| Rumänien | 11,56 | 9,92 | 4,17 |
| UdSSR | 113,00 | 98,00 | 92,85 |
| ČSSR | 0,10 | 1,45 | 1,56 |
| Ungarn | 0,83 | 1,57 | 1,41 |
| Asiatische Länder | 2,26 | 2,40 | 4,16 |
| Gesamt | 128,56 | 115,30 | 107,27 |

der Karpaten und auf der Moesischen Plattform sicher noch reiche Entdeckungen zu machen sind, so wird doch bei dem rasch steigenden Bedarf die relative Bedeutung der rumänischen Lagerstätten immer kleiner werden. Die großen Energiequellen der Zukunft liegen in den großen Tafelgebieten der UdSSR, auf der Russischen Tafel, der West- und Ostsibirischen Tafel und in Zentralasien. Dort sind die wirklich großen Lagerstätten vorhanden oder werden noch entdeckt werden. 80% der Erdölvorräte der UdSSR liegen auf der Russischen Tafel (Ural-Wolga-Gebiet). Die größten Lagerstätten sind Romaschkino (Abb. 9) (70×80 km Ausdehnung, Speichermächtigkeit 9–10 m), Tuijmasy (28×14 km),

*Tabelle 6*

*Erdgasvorräte der UdSSR*

1. Sichere Vorräte

| Gebiet | Vorräte in Mrd. m³ | | | |
|---|---|---|---|---|
| | am 1. 1. 1959 | | Plan 1966 | |
| RSFSR | 550 | | 1569 | |
| Saratow-Wolga | | 110 | | 416 |
| Orenburg | | 5 | | 73 |
| Komi | | 23 | | 83 |
| Krasnodar | | 130 | | 314 |
| Stawropol | | 230 | | 272 |
| Sibirien | | 21 | | 317 |
| Ukraine | 200 | | 591 | |
| Aserbeidschan | 80 | | 280 | |
| Usbekistan | 100 | | 680 | |
| Turkmenien | 8 | | 156 | |
| Kirgisien | 2 | | 35 | |
| Tadschikistan | — | | 10 | |
| Kasachstan | — | | 100 | |
| Gesamt | 940 | | 3421 | |

Bohrmeterleistung auf Erdgas: 1958: 3,7 Mill. m
1966: 10,1 Mill. m

(nach Mirtschink, Wasiljew, Ljwow, Neftj. Chosj. 1959, 4)

2. Prognostische Vorräte

| Gebiet | Vorräte [Mrd. m³] |
|---|---|
| Ukraine | 1580 |
| Nordkaukasus | 1585 |
| Ural-Wolga | 2715 |
| Buchara | 1800 |
| Aserbeidschan | 700 |
| Komi (U.-Petsch) | 720 |
| Sibirien | 6200 |
| Turkmenien | 2000 |
| Kasachstan | 1080 |
| Gesamt | 18380 |

Schkapowo, Muchanowo (17×4 km, 100 m Speichermächtigkeit). Die Lagerstätten befinden sich in ganz flachen, ausgedehnten Aufwölbungen mit oft noch nicht 1° Flankenneigung. Solche Strukturen sind nur auf den großen Kontinentaltafeln der Erde möglich.

Die gleichen Möglichkeiten bestehen für die Gasversorgung. Das früher in der UdSSR stark vernachlässigte Gas gewinnt seit 1954 rasch steigende Bedeutung. Im Jahre 1960 wurden bereits 47 Mrd. $m^3$ gefördert, die Perspektiven sind aus Tabelle 6 zu ersehen. Die größten Felder liegen in der Ukraine (Daschawa, 4 Mrd. $m^3$/Jahr), nördlich des Kaukasus (Stawropol, 230 Mrd. $m^3$ Vorräte), im Gebiet von Saratow und Kuibyschew. Neuerdings sind große Erdgaslagerstätten in Zentralasien (Gasli, Gebiet von Buchara, 440 Mrd. $m^3$ Vorräte) und Westsibirien (Berjosowo am Ob) entdeckt worden, so daß die Planzahlen (Tabelle 7) ohne weiteres erreicht werden können.

*Tabelle 7*

*UdSSR, Planzahlen des XXII. Parteitages*

| Jahr | Förderung Erdöl [Mill. t] | Förderung Erdgas [Mrd. $m^3$] |
|---|---|---|
| 1970 | 390 | 390 |
| 1980 | 690–710 | 680–720 |

Neben der Russischen Tafel liegen, wie bereits bemerkt, die großen künftigen Reserven auf der Westsibirischen, der Ostsibirischen und der Karakum-Tafel in Zentralasien. Die bereits mit einer geringen Zahl von Bohrungen angetroffenen Lagerstätten und Kohlenwasserstoff-Anzeichen sind ausreichend, um diesen Gebieten eine große Zukunft vorauszusagen. Die geophysikalische Erkundung hat eine große Zahl von Wällen, Depressionen und lokalen Strukturen nachgewiesen, die ähnlich günstige Verhältnisse wie auf der Russischen Tafel zeigen. Die langfristige Planung hat ihnen deswegen einen hervorragenden Platz angewiesen.

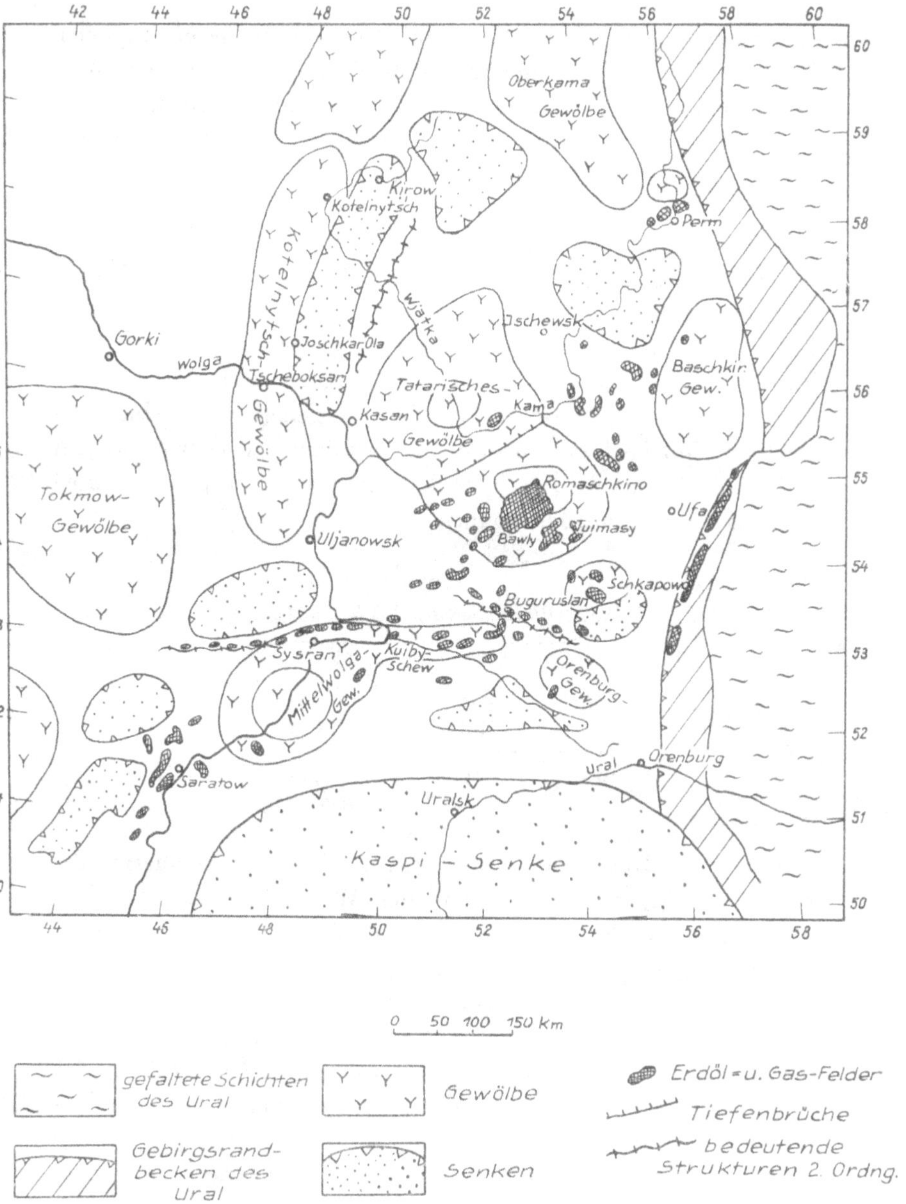


(gez. nach den Angaben zahlr. sowjet. Autoren, s. Lit. Verz.)

Abb. 9. Tektonik und Erdölführung der Russischen Tafel

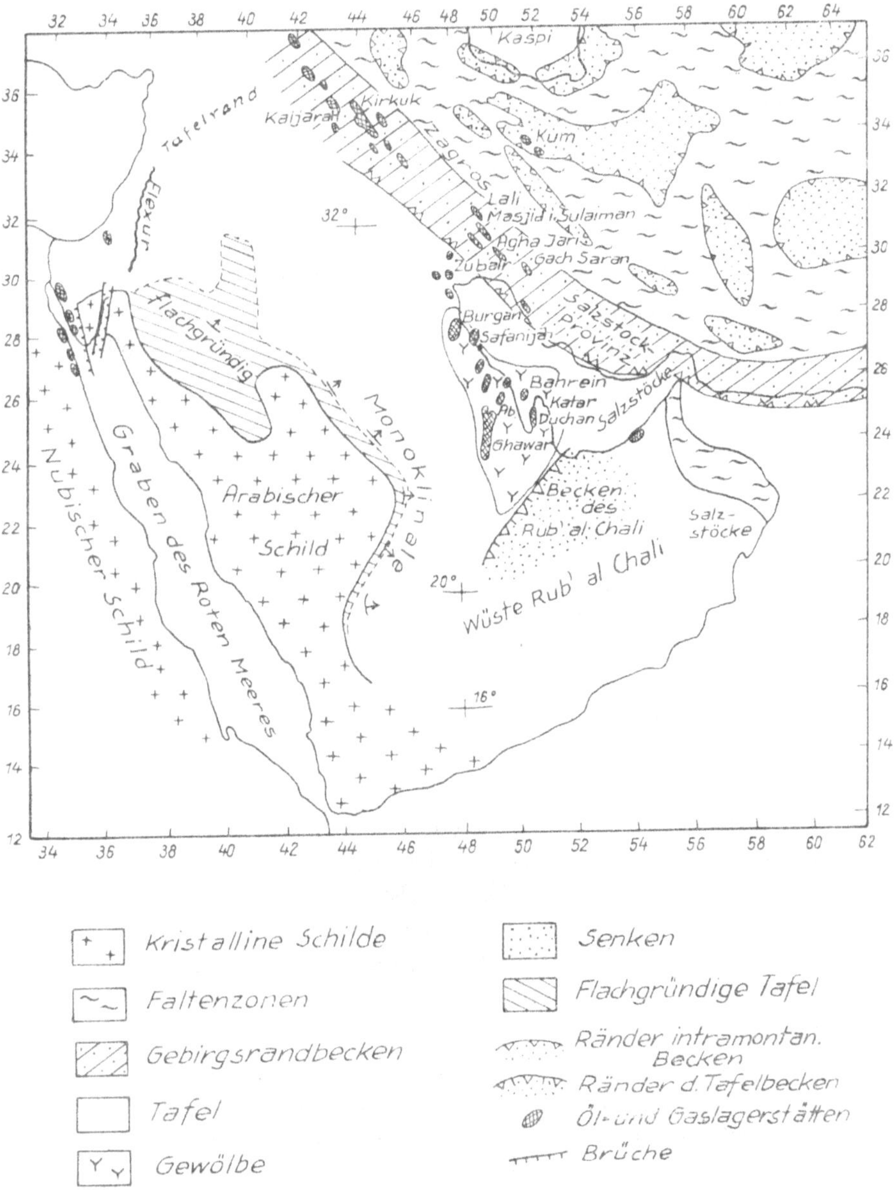


Abb. 10. Tektonik und Erdöllagerstätten im Mittleren Osten

### *3.2. Der Mittlere Osten*

Das zweite wichtige Versorgungsgebiet liegt im Mittleren Osten, in den Ländern um den Persischen Golf (Abb. 10). Hier liegen zwei Drittel der bisher nachgewiesenen Erdölvorräte der Erde. Die Vorräte liegen sowohl im Gebirgsrandbecken der persischen Zagros-Ketten im Irak und Iran, besonders aber auf der nach Westen anschließenden Arabischen Tafel. Hier befinden sich die größten Lagerstätten der Welt. An erster Stelle ist Burghan in Kuwaït zu nennen, ein Feld mit einer Jahreskapazität von 60 bis 80 Mill. t und einem Sandsteinspeicher der Unterkreide bis 300 m Mächtigkeit.

Ein weiteres Riesenfeld ist Ghawar in Saudi-Arabien. Das Feld fördert aus der Arab-Julaiba-Serie des Kimmeridge, es ist eine Folge von etwa 600 m Kalken und Dolomiten, von denen ein großer Teil stark permeabel und speicherfähig ist. Bei 220 km Länge und 20 km Breite hat es einen Flächeninhalt von 4400 km$^2$, entspricht also fast der Größe des Bezirks Leipzig und fördert etwa 40 Mill. t Erdöl pro Jahr, seine Kapazität ist aber bei voller Entwicklung des Feldes noch größer.

Große Felder sind auch bereits unter den Wassern des Persischen Golfes entdeckt worden. Das größte Feld ist Safanya, mit 11 Mill. t Jahresförderung das größte Unterwasserfeld der Erde. Hier wie auch in den großen Wüstengebieten der Arabischen Tafel besteht eine hohe Wahrscheinlichkeit, sehr große Lagerstätten zu entdecken, so daß auch der Mittlere Osten in Zukunft seine Rolle als einer der hervorragendsten Erdöllieferanten beibehalten wird. Ökonomisch sind die Mittelost-Felder durch geringe Investitions- und Betriebskosten ausgezeichnet, resultierend aus einer hohen Ergiebigkeit der Sonden. Während in Nordwestdeutschland die durchschnittliche Tagesleistung einer Sonde 4,3 t beträgt, in USA nur 1,6 t, sind es in Kuwait 725, in Saudi-Arabien 917, in Iran 1272 und im Irak gar 1483 t, also das mehr als 900fache wie in USA!

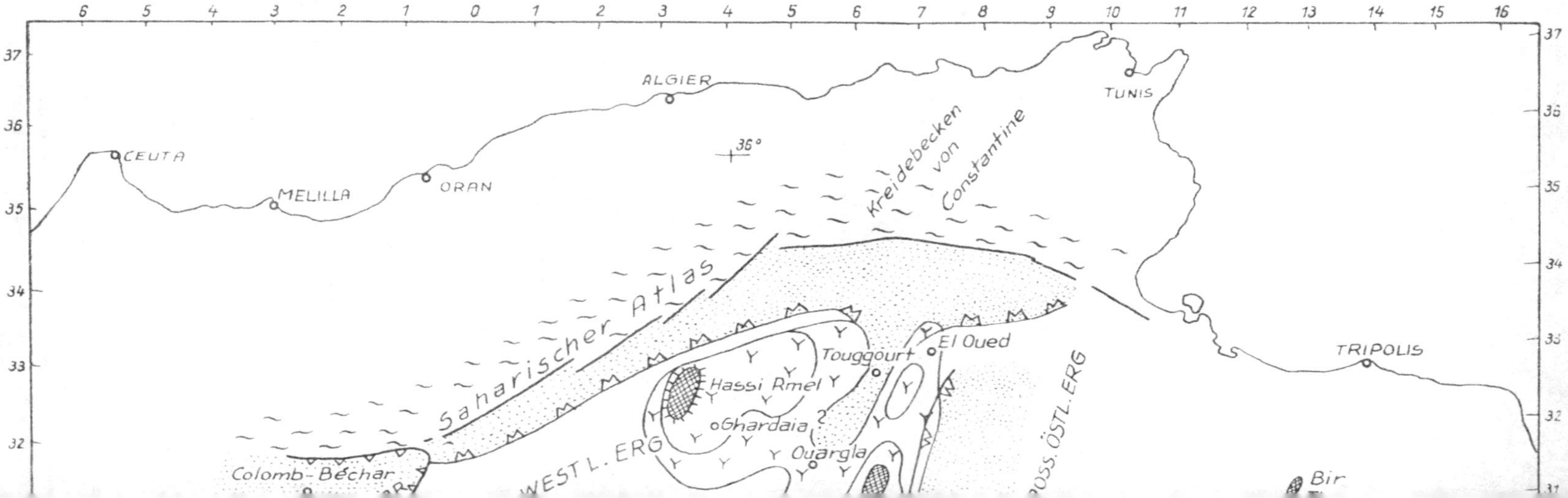

ALGIER
TUNIS
CEUTA
MELILLA
ORAN
36°
Kreidebecken von Constantine
Saharischer Atlas
TRIPOLIS
El Oued
Touggourt
Hassi Rmel
Ghardaia
Ouargla
WEST L. ERG
OSS. ÖSTL. ERG
Colomb-Béchar
Bir

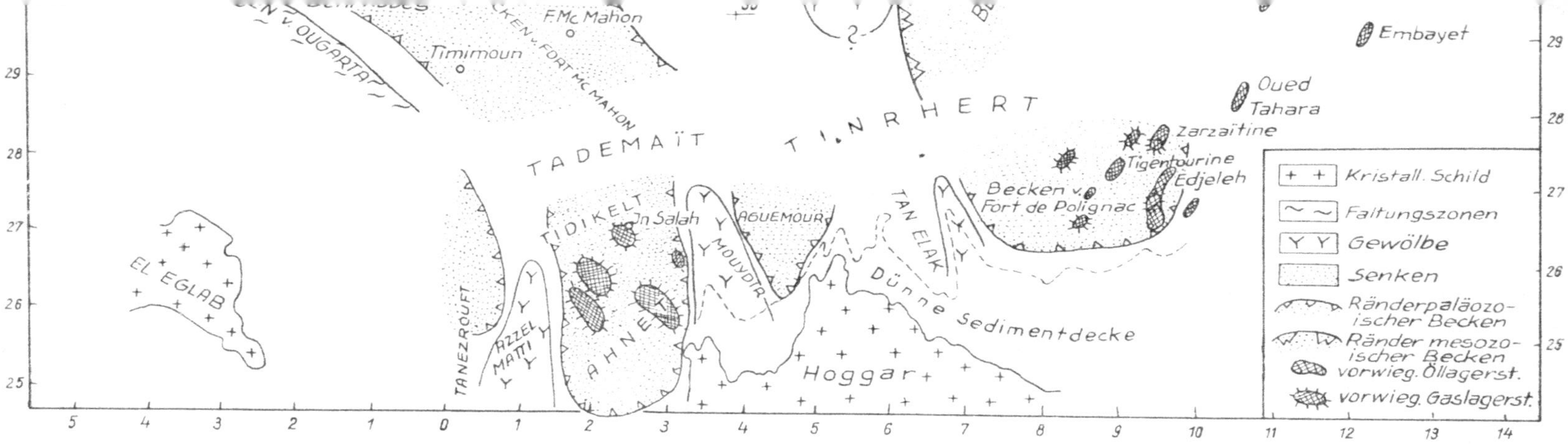


Abb. 11. Tektonik, Erdöl- und Erdgaslagerstätten der westlichen Sahara (nach ORTYNSKI, PERRODON, DE LAPPARENT, MICHEL u. a. entworfen)

### *3.3. Afrika*

Ganz ähnliche geologische Verhältnisse, wie sie auf der Russischen Tafel und in Arabien angetroffen wurden, finden sich auch in der Sahara (Abb. 11). Im Anschluß an das Gebirgsrandbecken des Atlasgebirges schließt sich nach Süden eine Kontinentaltafel an, die durch Wälle und Depressionen gegliedert ist. Einer dieser Wälle enthält die größte Lagerstätte, Hassi Messaoud mit 350 Mill. t Vorräten. Sie fördert aus Sandsteinen der Trias und des Perm. Andere große Felder sind Zarzaïtine (75 Mill. t Vorräte) und Edjeleh (35 Mill. t Vorräte). In Libyen sind mehr als ein Dutzend große Felder gefunden worden, deren Vorräte mit 274 Mill. t angegeben werden. Das größte Feld ist Zelten, 300 km südlich Bengasi. Die Öllagerstatten Nordafrikas stehen in der Bilanz mit etwa 1 Mrd. t Vorräten, die wirklichen sind sicherlich viel größer. Die Entwicklung wird einsetzen, wenn die Pipelines nach der Küste fertig sind.

Ebenso beträchtlich sind die Gasvorräte der Sahara. Das größte Feld, Hassi R'Mel enthält mindestens 450 Mrd. $m^3$ Gas in der Trias, die Lagerstätten Ahnet und In Salah stehen mit 100 Mrd. $m^3$ zu Buch, sie sind aber noch längst nicht abgebohrt, so daß die wirklichen Vorräte noch nicht angegeben werden können.

Die gesamten Gasvorräte der Sahara sind mit etwa 800 Mrd. $m^3$ bilanziert, die Schätzungen der bereits „sichtbaren" Vorräte gehen aber bis 2500 Mrd. $m^3$.

Die große Bedeutung der nordafrikanischen Vorkommen besteht darin, daß sie sozusagen vor der Haustür des hochindustrialisierten Westeuropas mit seinem hohen Energiebedarf liegen. Beim Gas besteht allerdings noch die Schwierigkeit, die schon jetzt zu fördernden 40 bis 50 Mrd. $m^3$ an den Verbraucher zu bringen. Denn zwischen ihm und den Quellen liegt das Mittelmeer mit 2700 m Tiefe. Es wird noch geprüft, ob man eine Pipeline durch das Meer nach Europa bauen soll oder eine Gasverflüssigungsanlage, so daß das Gas in Spezialtankern, von denen die ersten bereits für England laufen, nach Europa gebracht werden könnte.

Auch vom ökonomischen Standpunkt können sich die afrikanischen mit den Mittelostfeldern messen. Die Sondenleistungen sind hoch (etwa 1000 t pro Sonde und Tag in der algerischen Sahara, 430 t in Libyen), so daß die Investitionen relativ niedrig sind.

### 3.4. *Amerika*

Das große amerikanische Überschußgebiet ist Venezuela, bisher an zweiter Stelle in der Erdölförderung stehend, hat es seit Jahren die Förderung gedrosselt und ist seit Ende 1961 an die dritte Stelle nach der UdSSR gerückt. Mit dem Bolivar-Feld an und in der Lagune von Maracaibo ist es mit einem der größten Erdölfelder der Erde gesegnet. Das Maracaibo-Becken ist ein intramontanes Becken, es gehört also zu einer Kategorie, die auf verhältnismäßig kleinem Raum große Ölmengen akkumuliert haben. Zu diesem Typ gehören auch die kalifornischen Becken und das Wiener Becken (s. Tabelle 1). Die ostvenezolanischen Lagerstätten liegen am Rande der großen südamerikanischen Kontinentaltafel und genießen daher alle Vorzüge dieser Situation, die bereits bei Besprechung der anderen Kontinentaltafeln herausgestellt wurden. Bisher für die europäische Versorgung von größter Bedeutung, hat Venezuela diese Stelle mehr und mehr an die östliche Hemisphäre abgegeben und wird wohl in Zukunft hauptsächlich den wachsenden Einfuhrbedarf der USA decken müssen. So geht schon jetzt mehr als die Hälfte der Ausfuhr (51%) nach USA und Kanada und nur 20% nach Europa.

Die USA sind zwar noch die größten Erdölproduzenten der Erde, aber auch die größten Verbraucher. 1960 wurde fast die Hälfte der gesamten Weltförderung, nämlich 470 Mill. t, dort verbraucht, das entspricht also einem Einfuhrbedarf von über 120 Mill. t pro Jahr. Darüber hinaus ist die Erdölförderung in den USA teuer, denn die hohe Förderung beruht nur zum Teil auf einem natürlichen Reichtum an großen Lagerstätten, die es zwar auch gibt, hauptsächlich aber auf einer großen Zahl mitt-

*Tabelle 8*

*Erdgas, Vorräte und Förderung 1960*
(in Mrd. $m^3$)

| Land | Förderung | Vorräte | Bemerkungen |
|---|---|---|---|
| Europa | | | |
| UdSSR | 47,20 | 1500 | |
| Italien | 6,45 | 130 | |
| Rumänien | 6,78 | 246 | einschl. Einpreßgas |
| Frankreich | 3,00 | 173 | |
| Österreich | 1,47 | 25 | |
| Westdeutschland | 0,78 | 25 | einschl. Begleitgas |
| Polen | 0,55 | 20 | |
| ČSSR | 0,34 | 8 | |
| Ungarn | 0,34 | 9 | |
| Niederlande | 0,28 | 80 | |
| Jugoslawien | 0,05 | 3 | |
| Großbritannien | 0,001 | | |
| Amerika | | | |
| USA | 371,00 | 7467 | |
| Kanada | 14,72 | 868 | |
| Mexiko | 6,30 | 226 | meist Einpreßgas |
| Venezuela | 4,61 | 1000 | Gesamtanfall 35 |
| Argentinien | 1,36 | 99 | |
| Kolumbien | 0,91 | 8 | |
| Trinidad | 0,70 | 8 | |
| Brasilien | 0,50 | 4 | einschl. Einpreßgas |
| Chile | 0,45 | 4 | |
| Asien | | | |
| Indonesien | 2,43 | 28 | einschl. Einpreßgas |
| Saudi-Arabien | 7,50 | ? | nur 0,5 als Brennstoff |
| Übriger Mittlerer Osten | 22,00 | ? | nur 2,5 als Brennstoff |
| Iran | 0,85 | ? | eingepreßt u. abgef. |
| Pakistan | 0,83 | 314 | |
| Japan | 0,74 | 100 | |
| Brunei | 0,07 | 20 | |
| Afrika | | | |
| Algerische Sahara | — | 800 | auch 2500 angegeben |
| Gesamt | 502,21 | 13165 | |

lerer, kleiner und kleinster Felder und einer außerordentlich hohen Bohrdichte. Mehr als 1,5 Millionen Bohrungen sind bisher auf Erdöl niedergebracht worden, 390000 davon waren trocken, fast 600000 fördern noch, davon sind aber 330000 sogenannte „stripper wells" mit kleinen und kleinsten Produktionen, die im Mittel nicht mehr als 0,5 t pro Tag erbringen. Sie liefern etwa 60 Mill. t pro Jahr und drücken die durchschnittliche Sondenleistung auf 1,6 t pro Sonde und Jahr. Die USA sind auch die größten Erzeuger und Verbraucher von Erdgas, 29,4 Millionen Haushaltungen, das sind 58,3% der Gesamtzahl, verbrauchten jährlich je 2600 $m^3$ und damit 23% der Förderung, den Rest nahmen Industrie und Handel ab. Insgesamt werden drei Viertel der Weltförderung an Erdgas in den USA verbraucht (Tabelle 8).

Sicherlich sind in Nordamerika noch große Entdeckungen zu machen. Einige große Becken auf der Kontinentaltafel, wie das Williston-Becken, sind noch wenig untersucht, in anderen sind die Möglichkeiten tiefliegender Schichten noch nicht genügend geprüft, in dem großen Gebiet von Alaska beginnen die Untersuchungen erst jetzt. Kaum begonnen haben auch die Arbeiten in der kanadischen Arktis, welche möglicherweise noch große Erfolge erhoffen lassen. Die Aussichten dafür sind insofern gut, weil dies Gebiet auf der Nordabdachung der großen Kontinentaltafel liegt und günstige Sedimentationsbecken und Strukturen enthält.

Große Möglichkeiten bieten auch noch die Schelfgebiete des Kontinentes. Allein das Gebiet des Golfes von Mexiko hat eine höffige Fläche von 40 Mill. ha (nach ATWATER 1959), die aufgefundenen Vorräte betrugen bereits im Jahre 1958 350 Mill. t Erdöl und 250 Mrd. $m^3$ Gas. Viele dieser Felder sind Salzstockfelder, die der geophysikalischen Erkundung leicht zugänglich sind.

Auch die anderen Fördergebiete der Erde, die jetzt noch Überschußgebiete sind, wie Indonesien, Borneo, Kolumbien, werden diese Eigenschaft bei dem rasch steigenden Bedarf der sogenannten Entwicklungsländer bald verlieren. Auch China, dessen weite Sedimentationsgebiete noch große Möglichkeiten bieten, kommt in absehbarer Zukunft bei der sich schnell entwickelnden Wirtschaft dieses Landes als Exporteur von Erdöl kaum ernstlich in Frage.

### *3.5. Totöl und Ölschiefer*

Für die nächste Zeit ist in bezug auf Erdöl- und Erdgasversorgung Pessimismus nicht notwendig. Trotzdem muß bald Vorsorge getroffen werden, um auch noch die anderen Schätze an Kohlenwasserstoffen zu heben. Das sind insbesondere die großen Vorräte an Totöl (sogenannte Teersande) und an Ölschiefern. Die Lagerstätten sind wenig untersucht und die Vorräte noch längst nicht bekannt. Was man bisher über Ölschiefer weiß, zeigt Tabelle 9.

*Tabelle 9*

*Ölschiefervorräte 1960*

(Erdöl u. Kohle, 1960, 4)

| Land | Ölinhalt [Mill. t] | Land | Ölinhalt [Mill. t] |
|---|---|---|---|
| Europa | | Amerika | |
| UdSSR | 2500 | USA | 90000 |
| Italien | 5000 | Brasilien | 50000 |
| Schweden | 410 | Kanada | 5000 |
| Westdeutschland | 300 | Asien | |
| Großbritannien | 290 | Burma, Thailand | 2500 |
| Frankreich | 200 | China | 430 |
| Jugoslawien | 200 | Afrika | |
| Spanien | 40 | Kongo | 15000 |
| Bulgarien | 30 | Madagaskar | 30 |
| Australien | 30 | Südafrika | 5 |

Nur wenige Beispiele können hier angeführt werden. Die größte Totöllagerstätte ist der Athabaska-Sand in der McMurray-Formation der Unterkreide in Kanada. Er hat eine Mächtigkeit von 70 m, enthält 1–20 Gewichtsprozent Öl und bedeckt 75000 km². Es ist die absolut größte Bitumenansammlung der Erde, deren

Vorräte mit 40 Mrd. t Ölinhalt geschätzt werden, also fast ebensoviel, wie die Gesamtvorräte an „lebendigem" Öl. Weitere große Lagerstätten kennt man in Venezuela und im Uinta-Becken der USA.

Auch in Westdeutschland befindet sich eine große Totöllagerstätte im Maastricht bei Heide in Holstein, sie nimmt einen Streifen von etwa 20 km Länge ein.

Die Ölschiefer sind so zahlreich, daß auf die Nennung einzelner Lagerstätten verzichtet werden muß. In ihnen sind gewaltige Bitumenmengen eingeschlossen. Zu erinnern ist hier nur an den deutschen Posidonienschiefer des Lias ε, der von Süddeutschland bis zur Nordseeküste bekannt ist, 3 bis 10% gewinnbare Kohlenwasserstoffe enthält und im Norden Mächtigkeiten bis 300 m annimmt. Der Bitumeninhalt ist noch niemals geschätzt worden, aber er ist sicherlich sehr groß.

### *4. Allgemeine geologische Bedingungen der Lagerstättenbildung*

Betrachtet man das Vorkommen von Erdöl und Erdgas über die einzelnen Gebiete der Erde, dann erkennt man, daß gewisse geologische Bedingungen notwendig sind, damit die großen und wirtschaftlich bedeutenden Lagerstätten entstehen können. Sie betreffen das Sedimentationsgebiet und seine geologische Geschichte ebenso, wie seine tektonische Stellung. Offensichtlich sind die Kratone, die großen Kontinentaltafeln, in vieler Hinsicht ausgezeichnet. Die Depressionen in diesen Gebieten haben in langer geologischer Entwicklung genügend große Mengen von Sediment angehäuft, in den Wällen enthalten sie ausgedehnte, wenig gestörte Aufwölbungen mit säkularer Hebungstendenz, die über geologische Zeiten das migrierende Erdöl auffingen und erhielten. Umlagerungen, die jedesmal mit Verlust verbunden sind, haben kaum stattgefunden. Dazu kommen günstige Speichergesteine von großer flächenhafter Ausdehnung. Die Sedimente sind vielfach Flachwasserablagerungen mit reichem organischem Gehalt, stagnierende, abgeschlossene Wasserbecken sind häufig. Die dazwischenliegenden, z. T. langen Zeiten kontinentaler Entwicklung unterbrechen zwar diese günstige Entwicklung, schaffen aber neue Speichergesteine, die später Lagerstätten aufnehmen können. Diese Situation trifft zu für die Riesenlagerstätten auf der Russischen Tafel, der Karakumtafel, der Saharischen Tafel, für Osttexas und Kanada sowie Ostvenezuela.

Eine weitere Häufung günstiger Bedingungen findet sich in den intramontanen Becken der Geosynklinalgebiete. Sie sind ausgezeichnet durch sehr große Sedimentmächtigkeiten, raschen Fazieswechsel häufig wiederkehrende günstige geochemische Bedingungen, häufige Einschaltungen von klastischen Gesteinen, die sich als Speichergesteine eignen, durch zahlreiche Bruchstrukturen, Faltenstrukturen und lithologische Fallen in den vielen auskeilenden Speichergesteinen. Die Speichergesteine halten zwar im allgemeinen nicht aus, sie folgen aber meist recht zahlreich übereinander und bewirken, daß der Erdölinhalt pro Kubikkilometer Sediment oft extrem hoch ist. Diese Becken sind jedoch räumlich nicht sehr ausgedehnt, was die Bildung von Riesenlagerstätten im allgemeinen verhindert, Umlagerungen sind möglich, wobei auch die Zerstörung vorhandener Lagerstätten möglich ist. Unter günstigen Umständen kann es aber auch zur Bildung von Riesenlagerstätten kommen, wie es im Maracaibo-Becken in Venezuela der Fall war. Typische Beispiele dieser Kategorie sind weiter die kalifornischen Becken, das Uinta-Becken im Felsengebirge, die Halbinsel Apscheron in der UdSSR, das Wiener Becken. Die pro Quadratkilometer gewonnenen Ölmengen erreichen in den Feldern dieser Art ein Maximum.

Eine dritte Art von Becken mit günstigen Erfolgsaussichten sind die Gebirgsrandbecken oder Vortiefen, meist asymmetrische Becken mit einem oft überschobenem, mobilen Rand am Gebirge und einem sanft ansteigenden Hang am Rande der Kontinentaltafel. Sie vereinigen die günstigen Bedingungen der beiden zuerst genannten Typen, die mächtige Sedimentfüllung der geosynklinalen Gebiete mit den stabilen Verhältnissen der Kontinentaltafel. Dort, wo beide Bedingungen gleichzeitig wirksam werden, am stabilen Rand, finden sich zahlreiche Lagerstätten. Allerdings ist die Geschichte dieser Randbecken meist kurz, so daß Riesenlagerstätten fehlen, aber große und wirtschaftlich bedeutende Funde sind hier durchaus zu erwarten. Beispiele sind: das Randbecken des Ural, die Molasse-Becken der Alpen, das Alberta-Becken in Kanada, die Vortiefen der Pyrenäen, der Karpaten des Kaukasus, des Felsengebirges in USA, der Anden in Südamerika und andere.

Die ungünstigsten Verhältnisse finden sich auf den labilen Schelfen der Kontinente. Die Möglichkeiten für die Bildung von Erdöl und Erdgas sind hier zwar nicht ungünstig, aber die Erhaltung der Lagerstätten ist wesentlich unsicherer. Komplizierte Tektonik, zahlreiche Gebirgsbewegungen mit oft starken Deformationen, ungleichartig verteilte Schichtlücken und Faziesänderungen schaffen zwar zahlreiche Fallen und auch gute Speichergesteine, aber lange Zeiten ruhiger Akkumulation fehlen, die Fallen haben keine große Ausdehnung, sie sind oft weit später entstanden als das Erdöl, die strukturellen Formen änderten sich rasch und führten zur Umlagerung der Flüssigkeiten mit entsprechenden großen Verlusten. So stehen häufigen Erdölanzeichen oft nur kleine Lagerstätten entgegen. Deutschland ist ein typisches Beispiel dafür, während des Paläozoikums und des Mesozoikums sind vielfältige Deformationen aufeinandergefolgt und haben ein tektonisches Mosaik geschaffen, welches das geologische Interesse immer wach hält, ganze Generationen tüchtiger Geologen gebildet hat und für eine Reihe von Stoffen günstige Lagerstättenbedingungen bildete, für Erdöl aber nur mäßige. Und wenn auch heute in Nordwestdeutschland ein Strom von jährlich 6 Mill. t Erdöl fließt, so spricht das eigentlich nur für die Tüchtigkeit der deutschen Geologen, denn dieser Strom nährt sich aus vielen kleinen und kleinsten Quellen, ihre Erkundung erfordert ein großes Maß von Vorarbeit und wissenschaftlichem Geschick.

In diesem Zusammenhang ist es notwendig, noch einmal das Problem der Erdölführung der DDR in einem großen Rahmen zu sehen. Die DDR besitzt einen Teil des Norddeutschen Sedimentationsbeckens, dessen bester Teil zweifellos das Niedersächsische Becken ist, an dessen Rand die Mehrzahl der Lagerstätten gefunden wurde. Außerhalb dieses Beckens existieren noch eine Reihe kleinerer Doggertröge, deren Ränder ebenfalls mit Lagerstätten besetzt sind. Ein Becken von der Art des Niedersächsischen Beckens existiert nun auf dem Gebiet der DDR sicher nicht, wohl aber sind einige kleinere Tröge vorhanden, in denen alle für Erdöl höffigen Schichten vorkommen. Die DDR liegt wie Nordwestdeutschland auf dem labilen Schelf des Eurasischen Kontinentes, was alle die bereits genannten Nachteile in sich birgt. Das erhöht das Risiko der Erkundung stark. Für ein solches Gebiet prognostische Vorräte anzugeben, ist schlechterdings unmöglich. Es ist durchaus möglich, für die ganze Erde oder für ganze Kontinente statistisch prognostische Vorräte zu errechnen, um eine Vorstellung von der möglichen Größenordnung zu haben, in einem kleinen Gebiet mit geologisch ungünstiger Lage, wie es die DDR ist, birgt ein solches Verfahren ein großes Risiko. Man kann sich höchstens durch Übertragung der Erfahrungen aus demselben Sedimentationsgebiet, also in unserem Falle von Nordwestdeutschland, ein Bild über das maximal zu erwartende Ergebnis machen, dabei aber nicht vergessen, daß ein ganzes höffiges Gebiet steril sein kann. Auf einer solchen Grundlage bereits Transport- und Verarbeitungseinrichtungen vorzurichten, birgt ein sehr großes Risiko.

Etwas besser steht es mit dem Vorkommen von Erdgas. Das Zechsteinbecken ist als erdgasführend bekannt, in seiner Begleitung treten auch kleinere Erdöllagerstätten auf. Die Möglichkeiten, welche der Zechstein bietet, sind überschaubar, eine Eigenversorgung liegt im Bereich der Möglichkeit, nur dürfen die Erkundungsschwierigkeiten nicht vergessen werden. Noch sind eine Reihe von Gebieten vorhanden, wie Thüringen, Subherzynes Becken, Strukturen am Mitteldeutschen Hauptabbruch (hier besonders in der Lausitz) und an der Ostseeküste, in denen der Zechstein in leicht erreichbarer Tiefe liegt. Große Teile liegen aber in Teufen, die Bohrungen von 4000 bis 5000 m (und mehr) nötig machen.

Das ist nicht nur teuer, es ist auch mit unseren augenblicklichen technischen Mitteln nicht ausführbar, wenn man nicht hohe Investitionssummen in neue Bohrausrüstungen stecken will.

Eine kleine Erdölproduktion aus dem Zechstein läßt sich erreichen. Im Mesozoikum sind bisher nur Restölsättigungen bekannt, die auf zerstörte Lagerstätten hinweisen. Das ist auf dem labilen Schelf keine ungewöhnliche Beobachtung, vermindert aber die Chancen und macht umfangreiche Sucharbeiten notwendig. Hier ist noch vieles zu tun, ehe ein abschließendes Urteil über die DDR als Erdölprovinz möglich ist. Gegen die Überzeugung der Geologen mußten in der Vergangenheit Strukturerkundungen durchgeführt werden, bevor die geologische Situation im großen bekannt war. Bohrungen zur Klärung grundsätzlicher Fragen wurden nur wenige und nur unter starkem Widerstreben genehmigt. Ohne ein System von Schlüssel- oder Basisbohrungen ist die notwendige Kenntnis aber nicht zu erwerben, es dient ja nicht nur der Erdölgeologie, sondern ist von größter Wichtigkeit für alle geologischen Fragen.

Um falsche Vorstellungen zu vermeiden, muß auch noch das ökonomische Problem erörtert werden. Die Erfahrungen in Westdeutschland zeigen, daß das deutsche Erdöl sehr teuer ist. Mittelost- und Venezuela-Öl wird in Westdeutschland mit 84,00 DM pro t im Durchschnitt angeboten, sowjetisches Öl mit 53,50 DM. Das deutsche Öl ist heute mehr als doppelt so teuer als importiertes Öl, um die einheimische Förderung möglich zu machen, wird ein Schutzzoll von 125,00 DM pro t erhoben. 1958 wurde das Erdöl ab Bohrloch mit 152,00 DM abgegeben, das Erdgas mit 0,10 DM pro $m^3$, das Erdölgas mit 0,13 DM pro $m^3$. Diese hohen Kosten sind nur zum kleinen Teil ein Ergebnis der höheren Löhne, sondern resultieren aus hohen Erkundungs- und Förderkosten durch die schwierigen geologischen Verhältnisse.

Von 1955 bis 1960 wurden 4380551 m Bohrungen niedergebracht. In diesem Zeitraum erhöhten sich die sicheren und wahrscheinlichen Vorräte um 22,9 Mill. t, und es wurden außerdem 25,7 Mill. t gefördert. Mit den 4,4 Mill. Bohrmetern sind also

48,6 Mill. t Erdöl und ein nicht genauer bekannter Vorrat an Erdgas aufgeschlossen worden. Wenn wir einmal vom Erdgas absehen, sind das 11 t pro Bohrmeter. Die Kosten für 1 m Bohrung in Westdeutschland sind mir für die heutige Zeit nicht bekannt, man kann sie aber einschließlich geologischer Bearbeitung auf etwa 350,00 DM schätzen, daraus errechnet sich eine Vorbelastung von etwa 32,00 DM pro t. Weiter sind für Geophysik in diesem Zeitraum etwa 180 Mill. DM ausgegeben worden oder fast 4,00 DM pro t Öl, ergibt also Erkundungs- und Aufschlußkosten von 36,00 DM pro t. Durch das miterkundete Erdgas geht diese Belastung etwas herunter, sie liegt aber noch weit über der z. B. im Mittleren Osten. Dort rechnet man mit 1,50 DM pro t Erkundungskosten, in der Algerischen Sahara mit 2,50 DM, in den USA müssen ebenfalls hohe Erkundungskosten aufgewendet werden, die mit 37,50 DM veranschlagt werden. Im Mittleren Osten rechnet man mit gesamten Produktionskosten von 2 bis 3,5 Dollar pro t, im Wolga-Ural-Gebiet mit etwa 11,00 DM, also einem Bruchteil dessen, was in Westdeutschland allein für Erkundung und Aufschluß ausgegeben werden muß. Es ist vorauszusehen, daß eventuell künftiges DDR-Öl eher teurer als billiger als das nordwestdeutsche Öl sein wird, denn es sind hier noch Arbeiten grundsätzlicher Art zu leisten, die dort bereits getan sind. Selbstverständlich ist jedes Land gehalten, die eigenen Quellen zu entwickeln, das verlangt die Sicherung der Volkswirtschaft, und Möglichkeiten für eine beschränkte Eigenförderung bestehen in der DDR. Man soll sich aber klar sein, daß die Aufgabe schwierig und ihre Lösung teuer ist, und daß man außerdem damit rechnen muß, die Erkundungskosten völlig abschreiben zu müssen. Es ist auch nicht möglich, im voraus Förderpläne aufzustellen. Das ist nur möglich, wenn man bereits Funde hat, die zu entwickeln sind. In unserem Falle sind es für Erdöl rein utopische Zahlen, denen keine reale Basis zugrunde liegt. Nur für Erdgas ist augenblicklich eine solche Planung möglich. Die Erkundungsarbeiten müssen weiter gehen, aber mit etwas nüchterner Betrachtung der Möglichkeiten. Vor allen Dingen muß der Mut zum Risiko aufgebracht werden.

## *5. Weltweite Aufgaben der Zukunft*

Die Erkenntnisse, welche die Erdölgeologie bisher gewonnen hat, lassen eine Reihe von Forschungsaufgaben erkennen, welche in der Zukunft gelöst werden müssen zur Sicherstellung der Versorgung mit Kohlenwasserstoffen. Das ist einmal die Erkundung neuer Lagerstätten auf den Kontinentaltafeln, den Schelfen, in den Geosynklinalgebieten und den Vortiefen. Große Gebiete sind noch fast unberührt, wie Sibirien, große Teile Chinas, Afrikas und der Arabischen Halbinsel, die arktischen Gebiete und die Schelfe der heutigen Kontinente. Große Teile der Vortiefen der asiatischen Gebirge und Südamerikas sind ebenfalls noch wenig bekannt. Diese Aufgaben sind mit den konventionellen Verfahren lösbar und sind mehr eine Frage der verfügbaren Mittel.

Zum anderen aber geht es darum, in den schon erkundeten Gebieten die schwieriger zu findenden Lagerstätten aufzusuchen. Das sind insbesondere die Lager in den lithologischen Fallen, die vermutlich ebensoviel Öl gesammelt haben wie die strukturellen Fallen. Die geophysikalischen Verfahren dafür stecken erst in den Anfängen. Die seismischen Verfahren müssen so ausgebildet werden, daß nicht nur Unstetigkeitsflächen verfolgt werden, sondern auch andere Informationen aus den Seismogrammen entnommen werden können, die über die petrographischen Veränderungen der Gesteine berichten. Vielversprechende Versuche dieser Art sind in Italien gemacht worden, aber auch in der Sowjetunion versucht man dem Problem über Absorptionsmessungen beizukommen. Direkte geophysikalische Methoden für den Nachweis von Kohlenwasserstoffen fehlen noch ganz, sie zu schaffen ist eine außerordentlich schwere Aufgabe, aber vielleicht wird sie eines Tages gelöst. Verbessert werden müssen auch die geochemischen Erkundungsverfahren durch bessere Kenntnis der Migrationswege und durch Erforschung der Veränderungen, welche die Kohlenwasserstoffe bei der Wanderung erleiden und alle die Nebenreaktionen, die dabei auftreten.

Auf dem Gebiete der Geologie sind noch viele Vorgänge bei der Bildung von Erdöl und seinen Lagerstätten dunkel. Die Sedimentationsbedingungen in den verschiedenen geochemischen und geologischen Milieus sind noch ungenügend erforscht, so daß das wichtige Problem der Muttergesteine noch nicht ausreichend gelöst ist. So einfach scheinende Fragen, wie die nach der Bildung der über weite Gebiete gleichartigen „Decksandsteine", der Dolomitbildung oder der salinaren Sedimentation sind noch nicht ausreichend beantwortet. Die Hydromechanik der porösen Gesteine ist nur unter vereinfachenden Annahmen bekannt, die Rolle der Tone dabei muß noch genauer erforscht werden. Die Tektonik muß sich befreien von schematischen Vorstellungen und alle Erscheinungen in einen kontinuierlichen und physikalisch begründeten Deformationsablauf einordnen, der es gestattet, das Schicksal der Kohlenwasserstoffe und ihrer Lagerstätten zu verfolgen. Dazu gehört auch ein gutes Maß chemischer Forschung, welche die dabei auftretenden Veränderungen erkundet. Das sind nur einige wenige Beispiele aus dem Aufgabenkomplex, welchen die Erkundung stellt.

*Tabelle 10*

*Energierohstoffvorräte der sozialistischen Staaten*

(nach FRITZ und anderen Quellen)

| Staat | Steinkohle [Mrd. t] | Braunkohle [Mrd. t] | Erdöl [Mill. t] | Erdgas [Mrd. m³] | Wasserkraft [Mrd. kWh] |
|---|---|---|---|---|---|
| UdSSR | 1248 | ? | 4315 | 1500 | 3690 |
| Polen | 110 | 0,97 | 3,4 | 20 | 13 |
| ČSSR | 6 | 12,5 | 1,8 | 8 | 12 |
| DDR | 0,05 | 25,2 | — | 2,5 | 2 |
| Rumänien | 0,05 | 1,1 | 134,2 | 24 | 27 |
| Bulgarien | 0,14 | 1,4 | — | 6 | 11 |
| Ungarn | 0,47 | 2,57 | 26,2 | — | 2 |
| Albanien | — | — | 2,7 | 9 | 5 |

Ebensogroß sind die Aufgaben auf dem Gebiete der Ausbeutung. Wenn mit den heutigen Mitteln im Weltdurchschnitt nicht viel mehr als 50% des ursprünglichen Lagerstätteninhaltes gewonnen werden können, dann ist das eine Herausforderung an die Wissenschaft, diesen Prozentsatz wesentlich zu verbessern. Wenn auch Entölungen bis 80% schon jetzt erreichbar sind, so bleiben doch viele Fälle, wo sie bis 0% heruntergeht, wie in den Totöllagerstätten. Nur ein genaues Studium der Fließvorgänge, der Oberflächenspannungen, der Kapillarkräfte, der chemischen Veränderungen, der Benetzbarkeit unter den verschiedensten Druck- und Temperaturbedingungen wird den Weg öffnen für verbesserte Verfahren.

Überhaupt ungelöst ist das Problem, die riesigen Bitumenmengen der Ölschiefer wirtschaftlich nutzbar zu machen, wenn sie dem Tagebau nicht zugänglich sind. Die bisherigen Versuche, die Mobilisierungsenergie mittels Atomsprengungen zu schaffen, haben noch zu keinem endgültigen Ergebnis geführt. Hier liegen noch große Aufgaben für die Zukunft.

Auch in den Kohlenwasserstoff-Ablagerungen sind also noch genügend Energiereserven vorhanden, die in absehbarer Zeit nicht aufgebraucht werden können. Ihre Mobilisierung erfordert aber einen immer wachsenden Bedarf an wissenschaftlicher Arbeit. Da aber der wissenschaftliche Fortschritt noch auf einer steilen Kurve nach oben geht, sind auch hier keine Befürchtungen nötig, solange die Menschheit im friedlichen Wettstreit an ihrer Höherentwicklung arbeitet.

## *Literatur*


Arabian American Oil Comp. Staff, Ghawar Oil Field, Saudi Arabia. Bull. A. A. P. G. **43** (1949) 2, S. 434–454.

Atwater, G. I., Geology and petroleum development of the continental shelf of the Gulf of Mexico. Proc. 5. World Petr. Congr. New York, Sect. I, S. 409–434.

British Petroleum C. Ldt. Staff, Oil and Gas in southwest Iran. XX. Welt-Geologenkongreß, Mexico 1956, Symposium sobre yacimientos de petroleo y gas. Tomo II, S. 33–72.

De Lapparent, C., und Albert, P., Hassi Messaoud, Saharian oil gigant. World Petroleum **31** (1960) 6, S. 43ff.

Elanskij, L. N., und Tolkačev, M. I., Nektorye voprosy geologie jugovostoka Kuibyševskogo Zavolž'ja. Geol. Nefti i Gasa (1959) 5, S. 44–49.

Fox, A. F., Oil occurences in Kuwait. XX. Welt-Geologenkongreß, Mexico 1956, Symposium sobre yacimientos de petroleo y gas. Tomo II, S. 131–160.

Fritz, R., Koordinierung der Energiewirtschaft in den Ländern des Ostblocks. Glückauf **97** (1961) 23, S. 1434.

Gafarov, R. A., Strukturnaja schema dokembrijskovo fundamenta severnoj časti Volgo-Uralskoj oblasti. Geologija Nefti i Gasa (1959) 10, S. 9–14.

Gindely, W., Das Erdgas, die drittgrößte Energieversorgungsquelle der Erde. Braunkohle **13** (1961) 12, S. 499–506.

Godin, Ju. N., u. a., Progress in geophysical methods for prospecting for oil and gas in the USSR. Proc. V. World Petr. Congr. Sect. I, S. 603–625, New York.

Iraq Petrol. Co. Ldt. Staff, Geological occurence of oil and gas in Iraq. XX. Welt-Geologenkongreß, Mexico 1956, Symposium sobre yacimientos de petroleo y gas. Tomo II, S. 73–101.

JEROFJEW, N. S., und WASILJEW, W. G., [Gaserkundung in der SU muß verstärkt werden] (Russisch). Geologija Nefti i Gasa (1959) 1, S. 9–13.

LAURIEN, H., und WEDEKIND, G., Das Erdgas, die drittgrößte Energiequelle der Erde. Erdöl u. Kohle, Erdg.-Petr. **14** (1961) 2 und 3.

MAŠKOVIČ, K. A., Napravlenie i metodika poiskov i razvedki novych mesdoroždeny nefti i gasa v Saratovskom Povolž'e. Geologija Nefti i Gasa (1959) 5, S. 1–11.

MEINHOLD, R., Die Erdölhöffigkeit der DDR. Freiberger Forsch.-H. C 31 (1957), S. 29–41.

MIRTSCHINK, M. F., WASILJEW, W. G., und LJWOW, M. S., [Die wichtigsten Richtlinien für die Entdeckung neuer Erdöl- und Gaslagerstätten usw.] (Russisch). Neftjanoe Chosjaistwo (1959) 4, S. 1–8.

MIRTSCHINK, M. F., TROFIMUK, A. A., und TSCHEPIKOV, K. R., Specific features of the geological structure of platform regions in the Soviet Union in relation to their oil and gas saturation. Proc. V. World Petr. Congr. New York 1959, Sect. I, S. 525–538.

MOSTOFI, B., und FREI, E., The main sedimentary basins of Iran and their oil prospects. Ebenda, S. 337–348.

MICHEL, P., u. a., Les problèmes pétroliers paléozoiques de la bordure nord du Hoggar. Ebenda, S. 747–785.

ORTYNSKI, J., PERRODON, A., und DE LAPPARENT, C., Esquisse paléogéographique et structurale des bassins du Sahara septentrional. Ebenda, S. 705–727.

PIENS, H., Das Erdgas in Westeuropa. Glückauf **97** (1961) 19, S. 1162–1168.

Robinson-Bericht. Towards a new energy pattern in Europe. Energy Advisery Commission, Paris, Januar 1960.

THIES, W., Erdöl und Erdgas. Verfügung als Rohstoffe für die chemische Industrie. Erdöl u. Kohle, Erdg.-Petr. **14** (1961) 6, S. 489–492.

THRALLS, W. H., und HASSON, R. C., Geology and oil resources of the eastern Saudi Arabia. XX. Welt-Geologenkongreß, Mexico 1956. Symposium sobre yacimientos de petroleo y gas. Tomo II, S. 1–32.

VIRTANEN, A. I., Ernährungsmöglichkeiten der Menschheit und die Chemie. Naturwiss. Rundschau **14** (1961) 10, S. 371–379.

WEEKS, L. G. (Hrsg.), Habitat of oil. Symposium. Am. Assoc. Petr. Geol., Tulsa, 1958 (in diesem Sammelwerk finden sich fast alle in Tabelle 1 genannten Arbeiten).

WEEKS, L. G., The next hundred years energy demand and sources of supply. Geotimes, Vol. V (1960) 1, S. 18–21, 51–55.

WEEKS, L. G., Fuel reserves of the future. Bull. A. A. P. G.,Tulsa, **42** (1959) 2.

ZIEBER, P., Die Kostenstruktur der sowjetischen Erdöl- und Erdgasförderung. Erdöl u. Kohle, Erdg.-Petr. **13** (1960) 12, S. 998–999.

Zahlreiche Zahlenwerte sind den Informationsdiensten der folgenden Zeitschriften entnommen:

Angewandte Geologie
Erdöl und Kohle – Erdgas – Petrochemie

ABHANDLUNGEN DER DEUTSCHEN AKADEMIE
DER WISSENSCHAFTEN ZU BERLIN

Klasse für Bergbau, Hüttenwesen und Montangeologie

**Jahrgang 1958**

Nr. 1 Jenaro González-Reyna
**Erupción del „Volcán de Fuego de Colima“**
1958. 19 Seiten – 8 Abbildungen im Text – 14 Abbildungen auf 8 Kunstdrucktafeln
2 Tabellen – 4° – 5,50 DM

Nr. 2a **Internationale Gebirgsdrucktagung 1958**
Leipzig, 14.–16. Oktober 1958. Vorträge
1958. 168 Seiten – 224 Abbildungen auf 140 Seiten – 27 Abbildungen und
11 Tabellen im Text – 2 Falttafeln – 4° – 37,50 DM

Nr. 2b **Internationale Gebirgsdrucktagung 1958**
Leipzig, 14.–16. Oktober 1958. Diskussionen
1959. 203 Seiten – 98 Abbildungen – 5 Tabellen – 4° – 21,– DM

**Jahrgang 1960**

Nr. 1 Adolf Watznauer
**Festschrift zum 70. Geburtstag von Ernst Kraus**
1960. 378 Seiten – 140 Abbildungen – 24 Tafeln – 1 Titelbild – 6 Tabellen
28 Landkarten – 4° – 70,– DM

**Jahrgang 1961**

Nr. 1 **Bericht über das 1. Ländertreffen des Internationalen Büros für Gebirgsmechanik Leipzig, 3.–7. November 1959**
Herausgegeben von Georg Bilkenroth
1961. 148 Seiten – 71 Abbildungen – 4° – 16,– DM

Nr. 2 **Bericht über das 2. Ländertreffen des Internationalen Büros für Gebirgsmechanik**
Rahmenthema Methodik der Festigkeitsuntersuchungen in den verschiedenen Ländern
Leipzig, 10.–14. November 1960
Herausgegeben von Georg Bilkenroth
1961. 178 Seiten – 93 Abbildungen, davon 1 Falttafel – 4° – 21,50 DM

**Jahrgang 1962**

Nr. 1 **Bericht über das 3. Ländertreffen des Internationalen Büros für Gebirgsmechanik**
Rahmenthema
Kritische Einschätzung gebirgsmechanischer Modellversuche und die Grenzen ihrer praktischen Anwendbarkeit
Leipzig, 31. Oktober bis 4. November 1961
1962. 206 Seiten – 124 Abbildungen, davon 38 auf 18 Tafeln und einer
Falttafel – 15 Tabellen – 4° – 32,– DM

***Bestellungen durch eine Buchhandlung erbeten***

AKADEMIE-VERLAG · BERLIN

FSC
www.fsc.org
MIX
Papier | Fördert gute Waldnutzung
FSC® C083411

Kolibri 360 GmbH
Ferdinand-Jühlke-Straße 7
99095 Erfurt, Deutschland
produktsicherheit@kolibri360.de